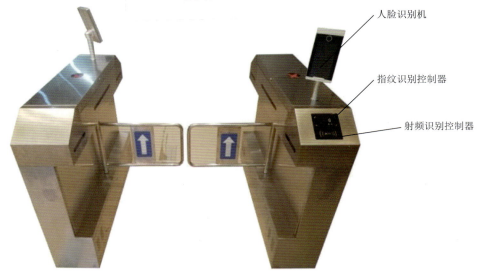

图1-2 西元出入控制道闸系统实训装置

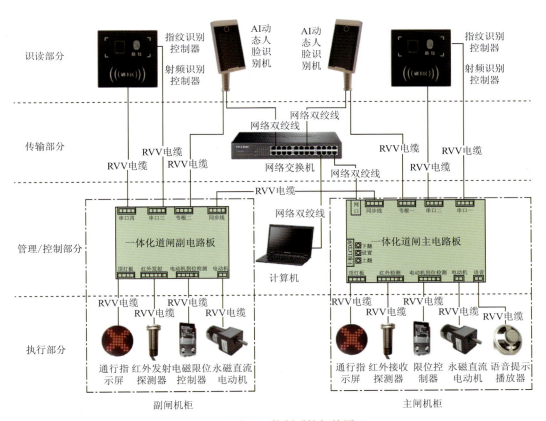

图1-3 出入口控制系统拓扑图

图1-9 西元智能停车场系统实训装置

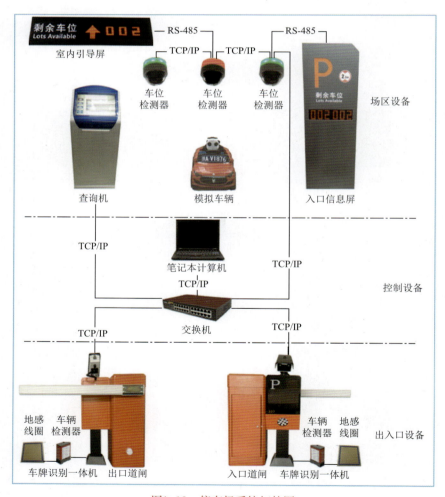

图1-10 停车场系统拓扑图

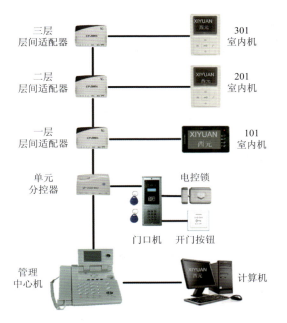

图1-23 可视对讲系统图

图1-24 智能可视对讲系统实训装置

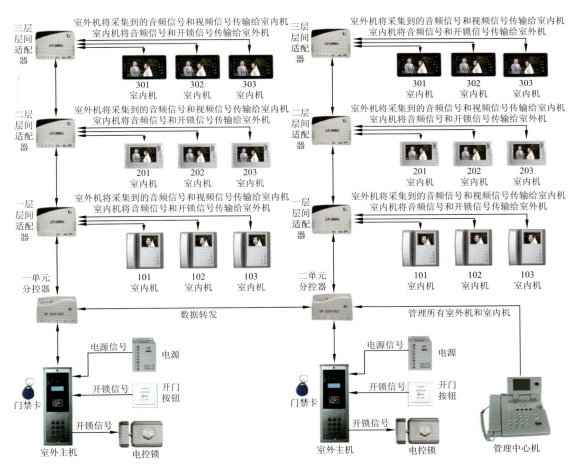

图1-25 可视对讲系统原理图

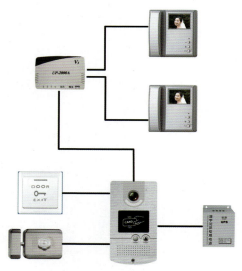

图1-27 独栋型可视对讲系统结构图

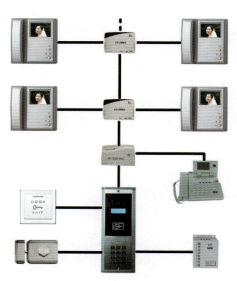

图1-29 单元型可视对讲系统结构图

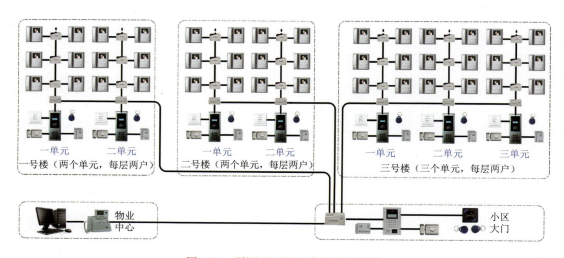

图1-31 联网型可视对讲系统结构图

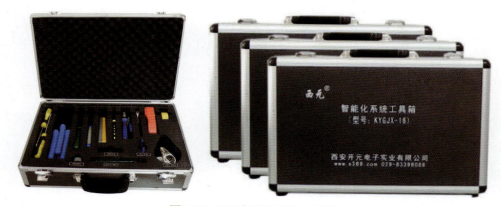

图2-65 西元智能化系统工具箱

中等职业教育/技工技师教育网络安防系统安装与维护专业丛书

出入口控制系统工程
安装维护与实训

王公儒◎主　编
冯义平◎副主编

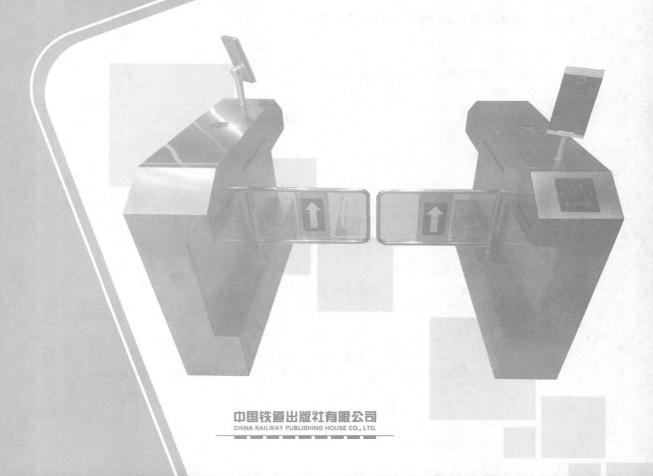

中国铁道出版社有限公司
CHINA RAILWAY PUBLISHING HOUSE CO., LTD.

内 容 简 介

本书以培养出入口控制系统工程项目安装和运维专业人员的岗位技能为目的，依据最新国家标准相关规定和工作流程与工程经验的具体要求，专门为网络安防系统安装与维护专业（710208）的教学实训编写。全书根据作者多年从事工程项目的实际经验精心安排内容，包括：认识出入口控制系统，出入口控制系统常用器材与工具、工程常用标准简介、工程设计、工程安装、工程调试与验收，层次清晰，循序渐进。

本书突出典型工程案例和岗位技能训练，配套有丰富的课堂互动练习、习题、实训项目、实训指导视频等。可以帮助学生高效地掌握所学内容。

本书适合作为中等职业教育和技工技师教育网络安防系统安装与维护专业的教学实训教材，也可作为出入口控制系统工程设计、施工安装与运维等专业技术人员的参考书。

图书在版编目（CIP）数据

出入口控制系统工程安装维护与实训/王公儒主编. —北京：中国铁道出版社有限公司，2022.5
（中等职业教育/技工技师教育网络安防系统安装与维护专业丛书）
ISBN 978-7-113-28640-8

Ⅰ.①出… Ⅱ.①王… Ⅲ.①智能化建筑-安全设备-自动控制系统-安装-技术培训-教材②智能化建筑-安全设备-自动控制系统-维修-技术培训-教材 Ⅳ.①TU89

中国版本图书馆CIP数据核字（2021）第262305号

书　　名	出入口控制系统工程安装维护与实训
作　　者	王公儒
策　　划	翟玉峰　　　　　　　　　　　　　编辑部电话：（010）83517321
责任编辑	翟玉峰　彭立辉
封面设计	刘　莎
责任校对	孙　玫
责任印制	樊启鹏
出版发行	中国铁道出版社有限公司（100054，北京市西城区右安门西街8号）
网　　址	http://www.tdpress.com/51eds/
印　　刷	三河市国英印务有限公司
版　　次	2022年5月第1版　2022年5月第1次印刷
开　　本	787 mm×1 092 mm　1/16　印张：13　插页：2　字数：325 千
书　　号	ISBN 978-7-113-28640-8
定　　价	42.00 元

版权所有　侵权必究

凡购买铁道版图书，如有印制质量问题，请与本社教材图书营销部联系调换。电话：（010）63550836
打击盗版举报电话：（010）63549461

前言

近年来，出入口控制系统已经广泛应用到民用建筑、银行、学校、企事业单位、医院等各类安全防范系统中，社会急需大量出入口控制系统工程安装与维护专业的技术人员，以及从事工程安装、调试验收和运维管理等的专业人员。教育部发布的《中等职业学校网络安防系统安装与维护专业教学标准（试行）》，明确了该专业主要课程内容标准和实训设备要求，推动了该专业技能人才的培养。

本书专门为中等职业学校和技工技师院校网络安防系统安装与维护专业的教学实训编写，融入和分享了作者团队多年研究成果和实际工程经验，以快速培养行业急需的专业人员为目标安排教学内容。首先以看得见、摸得着的出入口控制系统、停车场系统和可视对讲系统实训装置和典型工程案例开篇，介绍基本概念和系统组成；然后用实物展示柜和工具箱，图文并茂地介绍了常用器材和工具，并解读了最新智能建筑标准，结合典型案例进行讲述；最后详细介绍了出入口控制系统的规划设计、施工安装、调试与验收等专业知识。全书安排有10个典型案例和8个实训项目，并配套有实训指导视频、习题和实训报告等，全书循序渐进，层次清晰，图文并茂，好学易记。

本书内容按照从点到面、从标准与技术到技能与技巧的叙述方式展开，每个单元开始有学习目标，首先引入基本概念和相关知识，再给出具体的安装技术和技能方法，最后给出多个工程典型案例。全书共分6个单元，单元1、2、3介绍了出入口控制系统的概念、器材、标准等内容，通过西元出入控制道闸系统实训装置认识出入口控制系统，认识常用器材和工具，熟悉常用标准；单元4、5、6介绍了工程设计、工程安装和调试与验收等工程实用技术和技能方法。各单元的主要内容如下：

单元1　认识出入口控制系统。结合西元出入控制道闸系统实训装置和典型案例，快速认识出入口控制系统，掌握基本概念和相关知识。

单元2　出入口控制系统常用器材与工具。以图文并茂的方式介绍了常用器材与工具。

单元3　出入口控制系统工程常用标准简介。解读了有关国家标准和行业标准的应用规定。

单元4　出入口控制系统工程设计。重点介绍了出入口控制系统工程的设计原则、设计任务、设计方法及典型工程案例。

单元5　出入口控制系统工程安装。重点介绍了出入口控制系统工程安装的相关规定、工程技术与技能，以及典型的工程案例。

单元6　出入口控制系统工程调试与验收。重点介绍出入口控制系统工程调试与验收的关键内容和主要方法，以及典型的工程案例。

本书由陕西省智能建筑产教融合科技创新服务平台牵头，王公儒任主编，冯义平任副主编。在本书的编写过程中，有少量图片和文字来自有关厂家的产品手册和说明书，西安开元电子实业有限公司给予了资金和人员等全方位的支持，西元工会职工书屋提供了大量的参考书，在此表示感谢。

本书配套大量的教学实训指导视频和PPT课件，请访问www.s369.com网站/教学资源栏下载或者在中国铁道出版社有限公司网站www.tdpress.com/51eds/中下载。

由于出入口控制系统是快速发展的综合性学科，敬请读者提出宝贵建议，以便持续补充和完善本书，作者邮箱：s136@s369.com。

2021年10月

实训视频二维码索引表

单元	视频名称	二维码	二维码所在页码
单元1	《百炼成"刚"》微视频		21
单元1	ACS-实训11-西元出入控制道闸系统实训装置		23
单元1	ACS-实训12-西元智能停车场系统实训装置		25
单元1	ACS-实训13-西元智能可视对讲系统实训装置		27
单元2	ACS-实训21-网络跳线与网络模块制作训练		65
单元2	ACS-实训22-电缆展示柜介绍		65
单元2	ACS-实训23-工具展示柜介绍		66
单元3	ACS-实训31-电线电缆冷压接训练		101
单元4	ACS-实训41-出入口控制系统基本操作实训		127
单元5	ACS-实训51-停车场系统基本操作实训		157

实训项目二维码索引表

单元	实训项目名称	二维码	二维码内容对应页码
单元1	实训项目1　认识出入口控制系统		23
单元1	实训项目2　认识停车场系统		25
单元1	实训项目3　认识可视对讲系统		27
单元2	实训项目4　网络双绞线电缆链路端接实训		65
单元3	实训项目5　电线电缆冷压接训练		101
单元4	实训项目6　出入口控制系统基本操作实训		127
单元5	实训项目7　停车场系统基本操作实训		157
单元6	实训项目8　可视对讲系统基本操作		183

典型案例二维码索引表

单元	典型案例名称		二维码	二维码内容对应页码
单元1	典型案例1	常见的人行出入口通道闸		15
单元1	典型案例2	路边停车管理系统		17
单元1	典型案例3	独栋型可视对讲系统		19
单元2	典型案例4	常见的卡凭证		57
单元2	典型案例5	常见的生物特征识别		59
单元3	典型案例6	ETC停车与无感支付停车		97
单元4	典型案例7	第二代居民身份证出入口控制系统		121
单元5	典型案例8	常见的手机出入口控制系统		152
单元6	典型案例9	智能可视门铃的应用		178
单元6	典型案例10	出入口控制系统在突发公共卫生事件中的作用		179

目 录

单元1　认识出入口控制系统 1
　1.1　出入口控制系统概述 1
　　1.1.1　出入口控制系统的基本概念 1
　　1.1.2　出入口控制系统的基本组成 1
　　1.1.3　出入口控制系统的工作过程 3
　　1.1.4　出入口控制系统的控制方式 4
　　1.1.5　出入口控制系统的类型 5
　1.2　停车场系统概述 6
　　1.2.1　停车场系统的基本概念 6
　　1.2.2　停车场系统的基本组成 6
　　1.2.3　停车场系统的工作原理 9
　1.3　可视对讲系统概述 11
　　1.3.1　可视对讲系统的基本概念 11
　　1.3.2　可视对讲系统的组成 11
　　1.3.3　可视对讲系统的工作原理 12
　　1.3.4　可视对讲系统的结构 14
　典型案例1　常见的人行出入口
　　　　　　　通道闸 15
　典型案例2　路边停车管理系统 17
　典型案例3　独栋型可视对讲系统 19
　课程思政1　细微中显卓越，执着中
　　　　　　　见匠心 20
　习题 21
　实训项目1　认识出入口控制系统 23
　实训项目2　认识停车场系统 25
　实训项目3　认识可视对讲系统 27

单元2　出入口控制系统常用器材
　　　　与工具 29
　2.1　出入口控制系统常用器材 29
　　2.1.1　识读部分 29
　　2.1.2　管理/控制部分 32
　　2.1.3　执行部分 34

　2.2　停车场系统常用器材 36
　　2.2.1　出入口部分 36
　　2.2.2　场区部分 41
　　2.2.3　中央管理部分 43
　2.3　可视对讲系统常用器材 44
　　2.3.1　管理中心机 44
　　2.3.2　门口机 45
　　2.3.3　室内机 46
　　2.3.4　单元分控器 47
　　2.3.5　层间适配器 48
　　2.3.6　门禁系统 49
　　2.3.7　UPS电源 50
　2.4　常用传输线缆 50
　2.5　常用工具 53
　　2.5.1　万用表 54
　　2.5.2　电烙铁、烙铁架和焊锡丝 55
　　2.5.3　多用途剪、网络压线钳 55
　　2.5.4　旋转剥线器、专业级
　　　　　剥线钳 55
　　2.5.5　电工快速冷压钳 56
　　2.5.6　尖嘴钳和斜口钳 56
　　2.5.7　螺丝刀 56
　典型案例4　常见的卡凭证 57
　典型案例5　常见的生物特征识别 59
　习题 63
　实训项目4　网络双绞线电缆链路端接
　　　　　　　实训 65

单元3　出入口控制系统工程常用标准
　　　　简介 69
　3.1　标准的重要性和类别 69
　　3.1.1　标准的重要性 69
　　3.1.2　标准术语和用词说明 69

I

3.1.3 标准的分类 70
3.2 GB 50314—2015
《智能建筑设计标准》系统配置
简介 70
 3.2.1 标准适用范围 70
 3.2.2 设计规定 70
3.3 GB 50606—2010《智能建筑工程
施工规范》施工要求简介 72
 3.3.1 标准适用范围 72
 3.3.2 施工规定 72
3.4 GB 50339—2013《智能建筑工程
质量验收规范》检验要求简介 75
 3.4.1 标准适用范围 75
 3.4.2 验收规定 75
3.5 GB 50348—2018《安全防范工程
技术标准》简介 75
 3.5.1 标准适用范围 75
 3.5.2 出入口控制系统相关规定 76
 3.5.3 停车场系统相关规定 78
 3.5.4 可视对讲系统相关规定 79
3.6 GB 50396—2007《出入口控制系统
工程设计规范》简介 82
 3.6.1 总则 82
 3.6.2 常用术语 82
 3.6.3 基本设计要求 83
 3.6.4 主要功能、性能要求 83
 3.6.5 设备选型与设置 85
 3.6.6 传输方式、线缆选型与
   布线 85
 3.6.7 供电、防雷与接地 86
 3.6.8 系统安全性、可靠性、电磁
   兼容性、环境适应性 86
3.7 GA/T 761—2008《停车库（场）
安全管理系统技术要求》简介 87
 3.7.1 标准适用范围 87
 3.7.2 常用术语 87
 3.7.3 主要功能、性能要求 87

 3.7.4 系统安全性、电磁兼容性、
   环境适应性 90
3.8 GB/T 31070.1—2014《楼寓对讲系统
第1部分：通用技术要求》简介 ... 91
 3.8.1 常用术语 91
 3.8.2 基本功能要求 92
 3.8.3 基本性能要求 93
 3.8.4 安全性、电磁兼容性要求 93
 3.8.5 标志和机械结构要求 94
3.9 GA/T 74—2017《安全防范系统通用
图形符号》简介 94
典型案例6 ETC停车与无感支付
停车 97
课程思政2 宝剑锋从磨砺出——记西安
雁塔工匠纪刚 98
习题 99
实训项目5 电线电缆冷压接训练 101
单元4 出入口控制系统工程设计 104
4.1 设计原则和流程 104
 4.1.1 设计原则 104
 4.1.2 设计流程 105
4.2 主要设计任务和要求 105
 4.2.1 编制设计任务书 105
 4.2.2 现场勘察 106
 4.2.3 初步设计 106
 4.2.4 方案论证 108
 4.2.5 深化设计 108
4.3 主要设计内容 109
 4.3.1 车库建筑规划设计 109
 4.3.2 系统建设需求分析 111
 4.3.3 编制系统点数表 113
 4.3.4 设计停车场系统图 114
 4.3.5 施工图设计 116
 4.3.6 编制材料统计表 119
 4.3.7 编制施工进度表 121
典型案例7 第二代居民身份证出入口
控制系统 121

课程思政3　立足岗位、刻苦专研、技能改变命运 124
习题 125
实训项目6　出入口控制系统基本操作实训 127

单元5　出入口控制系统工程安装 132
5.1　工程安装准备 132
5.2　管路敷设 133
 5.2.1　一般规定 133
 5.2.2　管路敷设 134
5.3　线缆敷设 135
 5.3.1　一般规定 135
 5.3.2　线缆敷设 136
5.4　出入口控制系统设备安装 139
5.5　停车场系统设备安装 144
5.6　可视对讲系统设备的安装 148
典型案例8　常见的手机出入口控制系统 152
习题 155
实训项目7　停车场系统基本操作实训 157

单元6　出入口控制系统工程调试与验收 160
6.1　工程调试 160
 6.1.1　调试要求 160
 6.1.2　常见的问题及解决方法 162
6.2　工程检验 166
 6.2.1　一般规定 166
 6.2.2　系统功能性能检验 167
 6.2.3　设备安装、线缆敷设检验 170
 6.2.4　安全性及电磁兼容性检验 172
 6.2.5　供电、防雷与接地检验 172
6.3　工程验收 173
 6.3.1　验收的内容 173
 6.3.2　施工验收 173
 6.3.3　技术验收 174
 6.3.4　资料审查 176
 6.3.5　验收结论 177
典型案例9　智能可视门铃的应用 178
典型案例10　出入口控制系统在突发公共卫生事件中的作用 179
习题 181
实训项目8　可视对讲系统基本操作 183

习题参考答案 187
参考文献 196

单元 1 认识出入口控制系统

本单元首先介绍出入口控制系统的基本概念、主要组成部分和工作原理，然后介绍常见的出入口控制系统、停车场系统和可视对讲系统，最后安排了典型案例和实训，帮助读者快速认识和了解出入口控制系统、停车场系统和可视对讲系统。

学习目标：
- 掌握常见出入口控制系统的基本概念。
- 掌握出入口控制系统、停车场系统和可视对讲系统的基本组成及工作原理。
- 熟悉常见的出入口控制系统、停车场系统和可视对讲系统。

1.1 出入口控制系统概述

1.1.1 出入口控制系统的基本概念

出入口控制系统是安全防范技术系统的重要组成部分，是采用现代电子技术与信息技术，对建筑群、建筑物、特殊场所等出入目标实行管制的智能化系统。其目的是为了有效地控制人员（物品）的出入，并记录所有进出的详细情况，实现对出入口的安全管理。

GB 50348—2018《安全防范工程技术标准》中定义："出入口控制系统（Access Control System，ACS）是利用自定义符识别和（或）生物识别等模式识别技术对出入口目标进行识别，并控制出入口执行机构启闭的电子系统。"

1.1.2 出入口控制系统的基本组成

出入口控制系统主要由凭证、识读部分、传输、管理/控制部分和执行部分组成。图1-1所示为出入口控制系统逻辑构成示意图。

图1-1 出入口控制系统逻辑构成示意图

1. 凭证

凭证又称特征载体，是指目标通过出入口时所要提供的特征信息或载体，当目标需要通过出入口时，系统首先要对其进行身份确认，并确定其出入行为的合法性。只有通过合法授权的凭证，才能通过识读部分的验证，实现出入通行。

当前出入口控制系统常见的凭证有密码、卡片和生物特征等。密码一般为4位或6位数字。卡片有IC卡、条码卡、磁条卡、韦根卡、感应卡，形状有纽扣式、卡片式等。生物特征一般有指纹、人脸等。

2. 识读部分

识读部分是能够读取、识别并输出凭证信息的电子装置。识读部分通过适当的方式从凭证读取有关身份和权限的信息，以此识别目标的身份信息，并且判断其出入请求的合法性。识读部分主要实现目标身份信息识别，完成与管理/控制部分的信息交流，对符合放行的目标予以放行，拒绝非法进入。

不同的凭证对应有不同的识读方式，目前常见的识读方式有密码识别、卡识别和生物识别等。密码识别通过按键输入的密码进行识别。卡识别通过射频识别控制器读取IC卡、ID卡等卡片信息进行识别。生物识别通过指纹识别控制器采集指纹信息进行识别，人脸识别通过人脸识别机采集人脸信息进行识别。

西元出入控制道闸系统实训装置设计有射频识别控制器、指纹识别控制器和人脸识别机三种识读设备，如图1-2所示。射频识别控制器和指纹识别控制器内嵌安装在机箱上部，用于读取识别目标的IC卡信息和指纹信息；人脸识别机安装在机箱上部，用于采集和识别目标的人脸信息。

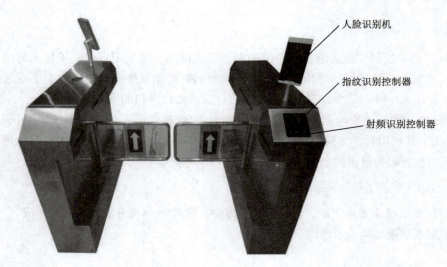

图1-2　西元出入控制道闸系统实训装置

3. 传输部分

传输部分负责出入口控制系统信号的传输，包括各种传输线缆和设备。传输线缆一般包括多芯线电缆、网络双绞线、光纤等。传输设备一般包括网络交换机、光纤配线架、光电转换器等。如图1-3所示，西元出入控制道闸系统实训装置通过多芯线电缆完成各种设备与控制板之间的信息传输，通过网络双绞线和网络交换机完成控制板、人脸识别机与计算机之间的信息传输。

单元 1　认识出入口控制系统

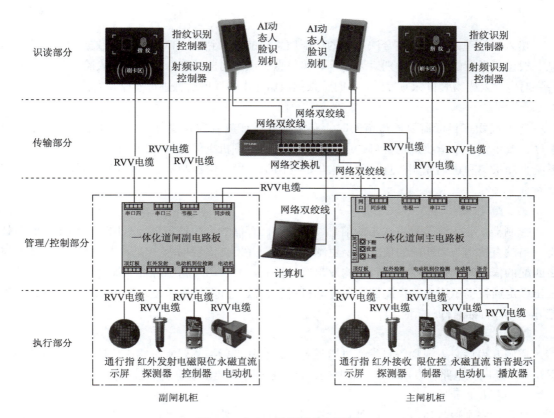

图1-3　出入口控制系统拓扑图

4. 管理/控制部分

管理/控制部分是出入口控制系统的管理和控制中心，主要包括一体化道闸控制电路板、RFID（Radio Frequency Identification，射频识别）授权控制器、指纹采集器、控制主机及出入口控制系统管理软件等。一体化道闸控制电路板接收各种设备发来的信息，并与自身存储的数据库信息进行比对，做出判断和处理，也可接收控制主机发来的指令。

控制主机上安装有出入口系统管理软件，实现对所有控制器的管理，可向它们发出指令、进行设置、接收其信息等，完成系统所有信息的分析和处理。如图1-3所示，西元出入控制道闸系统实训装置配套有一体化道闸主电路板、一体化道闸副电路板及配套的出入口管理软件，实现整个系统的智能管理与控制。

5. 执行部分

执行部分是执行出入口控制系统命令的电子电气与机械装置，一般包括通行指示屏、红外发射探测器、永磁直流电动机、语音提示播放器、人行通道闸等，如图1-2和图1-3所示。管理控制部分根据凭证的验证结果，发出不同的指令，执行部分完成对应的动作，实现出入口的智能控制。

1.1.3　出入口控制系统的工作过程

出入口控制系统的工作流程主要包括凭证授权、凭证识读、道闸开启、目标通过、道闸关闭等，完成人或物等进、出的全过程。下面以图1-2所示的西元出入控制道闸系统实训装置和图1-3所示的出入口控制系统拓扑图为例，详细介绍出入口控制系统的工作。

3

1. 凭证授权

出入口管理人员必须将合法目标的凭证信息提前录入到出入口控制系统数据库中。凭证信息一般包括目标的姓名、性别、编号等真实信息，以及对应的IC卡、指纹、人脸等信息，并且一一对应。人或物等目标通过出入口时，根据数据库中的凭证信息进行授权和放行。

2. 凭证识读

当人或物等目标需要通过道闸时，必须将其凭证放置到识读范围内，例如将卡片贴近识读区，或手指置于指纹识别窗口，或人脸面向人脸识别机摄像头等。当凭证进入识读范围时，系统自动采集和识别凭证信息，并将采集的实时信息发送给控制器，与数据库的凭证信息进行比对。

3. 道闸开启

控制器接收识读装置发送来的信息，与自身已存储的合法信息进行对比，并做出判断和处理。当没有找到与之匹配的信息时，道闸不动作，并发出语音提示，禁止目标通行；当找到与之匹配的信息时，控制器给执行机构发出有效控制信号，通行指示屏变为绿色箭头，同时系统发出设定通行提示语音，控制器控制电动机运转，限位开关控制电动机转动相应的角度，道闸打开，允许目标通行。

4. 目标通行

道闸开启后，人或物等目标通过通道区域，红外发射探测器实时感应目标经过通道的全过程，并不断向主电路板发出信号，控制器保持道闸处于开启状态，直至目标完全通过通道。

5. 道闸关闭

当目标完全通过通道后，红外对射探测装置向控制器发出关闸信号，控制器控制电动机运转，限位开关控制电动机转动相应的角度，道闸关闭。

1.1.4　出入口控制系统的控制方式

一个功能完善的出入口控制系统，必须对系统的控制方式进行明确设置。例如，按什么规则进行管理和控制，允许哪些目标出入，允许他们在哪些日期和时间内出入，允许他们可以出入哪些通道等。出入口控制系统常见的控制方式有以下几种：

1. 入口单向控制

目标人员在进入控制区域时，需要由出入口控制系统识别验证身份，只有合法授权的人员才能进入。该人员需要离开时，不需要进行身份验证即可离开。这种控制方式只能掌握何人在何时进入该区域。例如，一些小区出入口控制系统，人员在进入时需要识别验证身份，而离开时只需要按下开门按钮即可。

2. 进出双向控制

目标人员在进入和离开控制区域时，都需要由出入口控制系统识别验证身份，只有合法授权的人员才允许出入。这种控制方式使系统除了掌握何人何时进入该区域外，还可以了解何人何时离开，当前有谁、有多少人还在该区域内。

3. 多重控制

在安全性要求比较高的区域，出入时可设置多重识别，或一种识别方式进行多重验证，或采用两种或两种以上不同的识别方式重叠验证等。只有在各次、各种识别都验证合格的情况下才允许通过。

4. 出入次数控制

可对目标人员限制出入次数,当其出入次数达到限定值后,该人员将不再允许通行。

5. 出入日期/时间控制

对目标人员的允许出入日期/时间进行限制,在规定日期和时间之外,不允许出入,超过限定期限也将被禁止通行。例如,一些企业可通过该控制方式,限制员工的出入权限,非上班时间不能出入公司,员工迟到半个小时不能进入等。

1.1.5 出入口控制系统的类型

出入口控制系统已被广泛用于各行各业,凡是有出入口的地方,都可以安装出入口控制系统进行人员出入管理,以下为常见的几种应用场合。

1. 小区出入口控制系统

随着人们安全意识的增强,现在住宅小区的各个人行出入口基本都会安装出入口控制系统,用于管理出入小区的人员,以加强社区的安全管理和提升住户对小区的安全感、居住体验,如图1-4所示。

图1-4　小区出入口控制系统

2. 地铁出入口控制系统

地铁出入口控制系统是出入口控制系统的一项特殊应用。它的作用是对乘客进行出入控制并进行收费,所有乘客必须在出口扣费后才能通过,如图1-5所示。地铁出入口控制系统一般结合地铁卡、乘车二维码等使用,完成乘客的出入控制管理。

图1-5　地铁出入口控制系统

3. 车站出入口控制系统

在公共交通领域,如火车站、高铁站、汽车站等,这些场合人流量大、人工管理耗时耗力且存在安全漏洞,目前已广泛使用了出入口控制系统,如图1-6所示。车站出入口控制系统一般结合人脸识别、身份证、车票等多重识别控制的系统方案,帮助旅客快速自助验证通行。

图1-6　车站出入口控制系统

4. 办公场所出入口控制系统

在商业写字楼领域，企业对人员管理和频繁地出入控制有着强烈的需求，出入口控制系统得到了广泛应用，结合考勤、登记功能，对内部员工与访客进行管理，增强企业的管理水平，如图1-7所示。

图1-7　办公场所出入口控制系统

出入口控制系统除了以上四个应用领域外，还可以用于政府机关、工厂、景区、学校、银行、游乐场、休闲场所等。出入口控制系统不仅降低了人力管理成本，还提高了管理效率和安全等级，同时给人们建立了一个方便快捷的智能环境。

1.2　停车场系统概述

1.2.1　停车场系统的基本概念

随着经济的发展，汽车的数量不断增加，停车场系统在住宅小区、大厦、机关单位的需求和应用越来越普遍，而人们对停车场管理、智能化程度的要求也越来越高。停车场系统是能够实现对车辆出入进行识别与智能化管理的系统，其功能包括车辆身份识别、车辆资料管理、车辆出入情况管理、车辆位置跟踪和停车收费管理等。

国家标准GB 50348—2018《安全防范工程技术标准》中定义："停车场安全管理系统是对人员和车辆进、出停车场进行登录、监控，以及人员和车辆在场内的安全实现综合管理的电子系统。"停车场系统又称停车场安全管理系统，是安全技术防范体系的一个重要组成部分。

1.2.2　停车场系统的基本组成

图1-8所示为停车场系统组成框图。停车场系统主要由入口部分、场区部分、出口部分和中央管理部分等组成。

单元 1　认识出入口控制系统

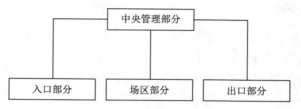

图1-8　停车场系统组成框图

西元智能停车场系统实训装置，按照工程实际应用典型案例，搭建和集成了一套完整的智能停车场系统，能够帮助人们清楚直观地认识各部分设备和布线系统，非常适合教学与实训。因此，本节以图1-9所示的西元智能停车场系统实训装置产品设备和图1-10所示的停车场系统拓扑图为例，详细介绍停车场系统的基本组成及各组成部分的工作原理。

图1-9　西元智能停车场系统实训装置

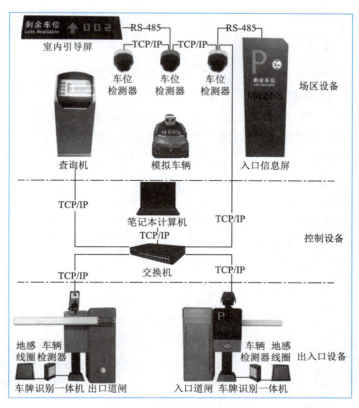

图1-10　停车场系统拓扑图

7

1. 入口部分

入口部分一般包括入口道闸、车牌识别一体机、地感线圈、车辆检测器等设备。入口部分主要实现车辆检测及车辆身份信息识别，完成与中央管理部分的信息交流，对符合放行条件的车辆予以放行，拒绝非法进入。

入口道闸（见图1-11）一般安装在停车场的入口安全岛上，通过其挡车杆的起落实现车辆的放行。

地感线圈（见图1-12）作为数据采集设备，一般暗埋在入口道闸附近的车道区域。

车辆检测器（见图1-13）根据采集的数据判断是否有车辆经过，并输出相应的逻辑信号，一般集成安装在入口道闸内部。

车牌识别一体机（见图1-14）一般安装在入口道闸附近，主要包括识别摄像机和信息显示等部分，该设备具有自动采集识别和显示车牌信息、语音提示、控制道闸等功能。

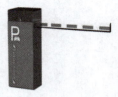

图1-11　入口道闸　　　图1-12　地感线圈　　　图1-13　车辆检测器　　　图1-14　车牌识别一体机

2. 场区部分

场区部分一般由车位引导系统、反向寻车系统、视频安防监控系统、紧急报警系统等组成，应根据安全防范管理的需要选用相应系统，各系统宜独立运行。西元智能停车场系统实训装置安装了车位引导系统和反向寻车系统。

1）车位引导系统

车位引导系统一般包括视频车位检测器、入口信息屏、室内引导屏等设备，该系统实现引导车辆场内通行、监视车辆数量、进行车位管理等功能。

视频车位检测器一般安装在车位的上方，采用视频识别技术判断当前车位状态、车位上的车辆信息等，统计停车场当前的停车信息。西元实训装置选取的视频车位检测器（见图1-15）还集成了车位状态指示灯，车位空闲则绿灯亮，车位占用则红灯亮。

入口信息屏（见图1-16）一般安装在入口安全岛上或车库入口处，用于显示当前停车场内的剩余车位数量等信息。

室内引导屏（见图1-17）一般安装在停车场道路拐角、分岔口等位置，方便车主第一时间了解相关方向区域的空余车位情况，如果有空车位，则指示箭头亮，并且显示剩余的车位数量；如果无空车位，则显示车位数为零。

图1-15　视频车位检测器　　　图1-16　入口信息屏　　　图1-17　室内引导屏

2）反向寻车系统

反向寻车系统一般包括视频车位检测器、查询机和反向寻车管理软件。

视频车位检测器实时检测当前车位的状态，提供当前车位的车辆信息给查询机。

查询机（见图1-18）一般安装在停车场内各电梯口或楼道口，车主可在查询机上输入车辆的车牌或车位号等信息，查询车辆的停放位置，同时查询机可根据当前位置规划出方便快捷的寻车路线，使车主快速找到车辆停放位置。

反向寻车管理软件安装在查询机上，软件中嵌入了停车场的车位电子地图，可以直观地显示出最优寻车路线。

3. 出口部分

出口部分的设备组成与入口部分基本相同，主要由出口道闸、车牌识别一体机、车辆检测器、地感线圈等设备组成，一般安装在停车场的出口车道处。出口部分主要实现外出车辆检测及车辆身份信息识别，完成与中央管理部分的信息交流，对符合放行条件的车辆予以放行。

4. 中央管理部分

中央管理部分是停车场系统的管理和控制中心，主要包括岗亭或控制室、数据交换机、计算机及停车场管理软件等。中央管理部分应能实现对系统操作权限、车辆出入信息的管理功能；对车辆的出、入行为进行鉴别及核准，对符合出、入条件的出、入行为予以放行，并能实现信息比对功能。

岗亭主要用来管理临时车辆和收费，对于一些没有临时车辆的停车场，也可以不设立岗亭。岗亭的位置一般设立在出入口，方便管理和收费。岗亭内一般会安装数据交换机、计算机等中心管理设备，会有工作人员在里面办公，面积要求在4 m^{2}以上。图1-19所示为岗亭实物照片，图1-20所示为西元智能停车场系统实训装置的模拟岗亭设备。

图1-18　查询机

图1-19　岗亭实物照片

图1-20　模拟岗亭设备

停车场管理软件一般包括车牌识别管理软件、车位引导管理软件、反向寻车管理软件等，实现对停车场系统的智能管理。

1.2.3　停车场系统的工作原理

一次完整的停车过程主要包括车辆进场、车位引导、停车、寻车、车辆出场等。下面以西元智能停车场系统实训装置为例，对停车场系统的基本工作原理进行简单介绍。西元智能停车场系统实训装置搭建了模拟停车库和模拟汽车（见图1-21），可通过遥控器控制模拟汽车，通过入口部分，停泊在模拟车库的车位上，然后再驶出出口部分，实现对停车场系统的全面认知、操作和体验。

图1-21　模拟车库和模拟汽车

1. 车辆进场

（1）当车辆到达入口处，进入入口识别摄像机识别范围时，摄像机开始识别车辆信息，并在服务器管理软件上显示，等车辆走到触发线时，摄像机抓拍车辆入场照片，并向入口道闸发出触发信号，道闸动作，闸杆升起，同时显示屏显示车辆信息，并发出语音提示，车辆进入。

（2）当车辆经过入口地感线圈时，车辆检测器检测到有车辆经过，保持道闸杆处于抬起状态，防止砸车；当车辆驶出地感线圈检测范围后，车辆检测器向入口道闸发出关闸信号，道闸动作，闸杆落下。

2. 车位引导

车位上方均安装了视频车位检测器，用来检测当前车位是否被占用，精确统计出相关车位信息。进入的车辆根据入口信息屏的剩余车位信息，选择进入停车场相应区域，再根据室内引导屏及视频车位检测器的状态指示灯等信息，快速寻找到可停放车位。

3. 停车入位

当车辆驶入停放在车位时，视频车位检测器检测到车辆入库，并将车辆相关信息发送至中央管理部分，告知系统车位已被占用。

4. 寻车

车主在就近的查询机上输入车辆的车牌或车位号等信息，查询车辆的停放位置，选择正确查询结果，点击查看路线，根据系统规划的最优路线，快速找到车辆。

5. 车辆出场

（1）车辆驶出车位时，视频车位检测器检测到车辆驶离，并将相关车位信息发送至中央管理部分，告知系统车位未被占用。

（2）车辆来到出口处，进入出口识别摄像机识别范围，摄像机开始识别车辆信息，并在服务器管理软件上显示，等车辆走到触发线时，摄像机抓拍车辆出场照片，并向出口道闸发出触发信号，道闸动作，闸杆升起，同时显示屏显示车辆信息，并发出语音提示，车辆驶出。

（3）当车辆经过出口地感线圈时，车辆检测器检测到有车辆经过，保持道闸杆处于抬起状态，防止砸车。当车辆驶出地感线圈检测范围后，车辆检测器向出口道闸发出关闸信号，道闸动作，闸杆落下，车辆驶出停车场。

1.3　可视对讲系统概述

1.3.1　可视对讲系统的基本概念

可视对讲系统又称访客对讲系统，是由小区出入口、楼栋单元门口、住户室内、保安中心等区域的设备组成，具有选呼、对讲、监视等功能，并远程控制开锁的安全管理系统。

单元门一般处于关闭状态，非住户人员在未经允许的情况下不能进入楼内。当访客来访时，首先在门口机键盘上输入房间号呼叫住户，这时室内机响铃并显示室外图像，然后住户与访客可进行可视通话，确认访客身份，最后住户按下开锁键，开启单元门的电控锁，访客进入楼内，如图1-22所示。

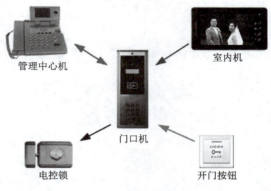

图1-22　可视对讲系统

1.3.2　可视对讲系统的组成

可视对讲系统主要设备如图1-23所示，有管理中心机、门口机（室外主机）、室内机、单元分控器、层间适配器、电控锁等相关控制设备。

在大楼的每个单元中，一般人们只能看见门口机和住户家里的室内机。系统其他设备如单元分控器、层间适配器等设备安装在机箱内或者隐蔽处，布线系统一般在墙体内暗埋，管理中心机安装在物业中心或保安中心，非专业人员一般看不到。

图1-24所示为西元智能可视对讲系统实训装置，按照工程实际应用典型案例，集成了可视对讲系统的全部设备和布线，可以清楚直观地看到操作系统全部设备与布线系统，非常适合教学与实训，因此本节以西元智能可视对讲系统实训装置产品设备为例，直观和详细地介绍可视对讲系统的组成和功能等。

1. 管理中心机

管理中心机是整个住宅小区内物业管理进行联网的基础设备，也是可视对讲系统的核心管理设备，一般安装在管理中心或值班室内。图1-23和图1-24中选取安装了一款常见的管理中心机。管理中心机是系统的神经中枢，管理人员通过管理中心机管理系统的终端，统一协调，保障系统的正常工作。管理中心机的主要功能有接收住户呼叫、与住户对讲、开单元门、呼叫住户、呼叫门口机、监视单元门口、报警接收与提示、短信发布、系统数据记录、连接计算机等。

2. 门口机

门口机又称室外主机，是可视对讲系统的核心控制设备，一般安装在单元楼或小区大门的入口处，控制着每一户室内机的音视频信号及电控锁信号，可实现对单元楼或小区门口的统一管理。主要功能有呼叫住户、呼叫管理中心机、与住户对讲、访客留言和门禁功能等。住户要想进入，必须通过门口机门禁功能的信息验证，只有验证通过才能进入。常见的验证方式为密码识别、卡片识别和生物识别。图1-23和图1-24中的门口机，可实现密码识别和卡片识别门禁功能。

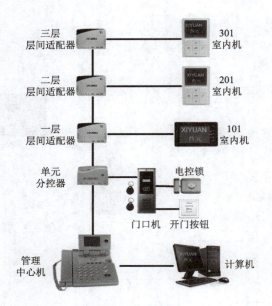

图1-23 可视对讲系统图　　　图1-24 西元智能可视对讲系统实训装置

3. 室内机

室内机是能够与室外主机进行可视对讲通话，并且可以控制开锁的装置，一般安装在住户家里的门口处。有些室内机带有监视功能和安保功能，所以根据功能可分为非可视室内机和可视室内机两种，图1-23和图1-24中的装置采用了4英寸（1英寸=2.54 cm）和7英寸两种常见的可视室内机，主要功能有呼叫管理中心机、与访客可视对讲、远程开锁、收听留言、门口监控、安防报警等。

4. 单元分控器

单元分控器是可视对讲系统中的联网设备，主要用于单元与单元之间、单元与小区门口机之间、单元与管理中心机之间联网的数据转换。如图1-23和图1-24所示，单元分控器连接了门口机、层间适配器、管理中心机，负责与各个连接设备之间的信息转换和传输。

5. 层间适配器

层间适配器又称楼层平台，主要功能有系统解码、线路保护、视频分配、提供室内机电源、信号隔离等，用于连接本楼层的各户可视分机。即使当某住户的分机发生故障也不会影响其他用户使用，也不影响整个系统的正常运行。图1-23和图1-24中通过三个层间适配器模拟了三层的住户系统，分别连接了各层的住户室内机。

6. 门锁

门锁是可视对讲系统中控制门开启的执行部件，在室外主机、室内机、管理中心机的控制下进行开关操作。可视对讲系统常用的门锁一般有电控锁、电磁锁和电插锁，图1-23和图1-24中的装置选取了最常见的电控锁设备。

1.3.3 可视对讲系统的工作原理

在可视对讲系统中，住户使用门禁卡或开锁密码开门时，室外主机识别到正确开锁密码，或已授权的门禁卡后，会给电控锁加载一个开锁电信号，电控锁通电后打开锁舌，实现开门功能。当住户外出时，按下室内开门按钮，按钮闭合产生回路，电控锁通电打开。

单元 1　认识出入口控制系统

当访客来访时，室外主机根据输入的房号与相对应住户建立通信通道，此时，室外主机将摄像头采集的视频影像以流媒体的形式传送给单元分控器，再转发给层间适配器解码，数据解码后再传送给地址匹配的室内机，最后通过屏幕播放出来。

住户接通后，室外主机将语音信号转换成电流信号，以相同的路径传给室内机，再将电流信号转换成语音信号播放出来。同理，室内机也可将语音信号以相同的方式传给室外主机，这样就实现了访客与住户的可视通话。

当住户允许访客进入时，室内分机将开锁信号通过层间适配器解码，再经过单元分控器转发给室外主机，室外主机接收到信号后会给电控锁加载一个开锁电信号，电控锁通电后打开锁舌，单元楼门打开，访客进入。

管理中心机与小区所有设备都可建立通信关系。与室外主机通信时，只经过单元分控器的数据转发，就可以与相应的室外主机建立音视频通信，并且可以控制电控锁的开启。与室内机通信时，不仅要经过单元分控器的数据转发，还要经过层间适配器的解码，才能与相应室内机通信。图1-25所示为可视对讲系统原理图。

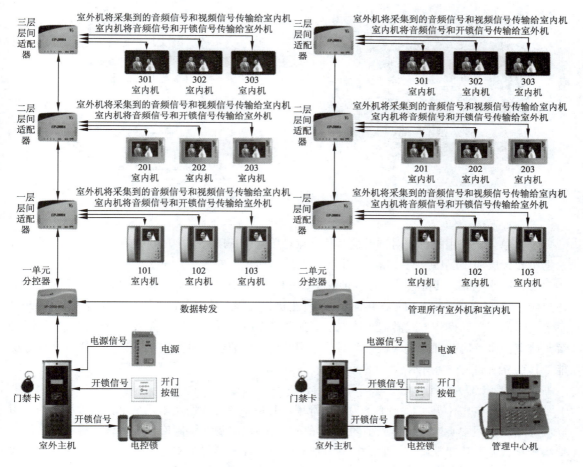

图1-25　可视对讲系统原理图

可视对讲系统是一套现代化的小区住宅服务措施，提供访客与住户之间可视通话，实现语音、图像双识别从而增加安全可靠性，同时节省大量的时间，提高工作效率。更为重要的是，

13

一旦住户家内所安装的门磁开关、红外探测器、烟雾探测器、紧急按钮等设备连接到可视对讲系统的保全型室内机上以后，可视对讲系统即升级为一个安全技术防范网络，它可以与住宅小区物业管理中心或保安警卫室实时交流，提高住宅的整体管理和服务水平，为住户的安全提供最大程度的保障。

1.3.4 可视对讲系统的结构

可视对讲系统是小区居民的安全保障系统，针对不同用户的特点和功能要求可以选择不同的结构类型。按系统结构一般分为如下几种：

1. 独栋型结构

独栋单户使用的可视对讲系统，其特点是每户一个室外主机，并且可以连接一个或多个室内机。独栋型可视对讲系统不需要管理中心机、单元分控器和层间适配器等中间设备，只需要门口机、室内机和可控门锁即可完成系统的搭建。图1-26所示为别墅实景图，使用的系统具备可视对讲、遥控开锁、主动监控、拨打电话等功能，其系统结构如图1-27所示。

图1-26 别墅实景图

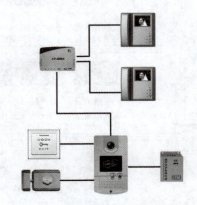

图1-27 独栋型可视对讲系统结构图

2. 单元型结构

独立单元楼使用的可视对讲系统，其特点是单元楼一层有一个门口控制主机，它的类型可根据单元楼层和楼层住户的数量来决定，如图1-28所示。对于住户不多的多层住宅楼，一般采用直按式室外主机，其特点是内存容量较小，一般有2～16户不等，一按就应，操作简便。对于住户较多的高层住宅楼，一般采用编码式室外主机，其特点是内存容量较大，可容纳2～8 999户不等，界面豪华，操作方式类似于拨电话。这两种系统均采用总线式布线，解码方式有楼层机解码或室内机解码两种。室内机一般与单户型的室内机兼容，可实现可视对讲、遥控开锁等功能，其系统图如图1-29所示。

3. 联网型结构

在大型小区中（见图1-30），为集中管理，对每个单元楼使用单元系统，通过小区内专用联网总线与管理中心连接，形成小区各单元楼系统性的可视对讲网络系统。该结构系统采用区域集中化管理，功能复杂，一般除具备可视对讲、遥控开锁等基本功能外，还能接收和传送住户的各种安防探测器报警信息，进行紧急求助，能主动呼叫辖区任一住户或群呼所有住户实行广播功能，其系统如图1-31所示。

单元 1　认识出入口控制系统

图1-28　独立单元楼实景图

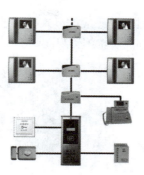

图1-29　单元型可视对讲系统结构图

图1-30　小区实景图

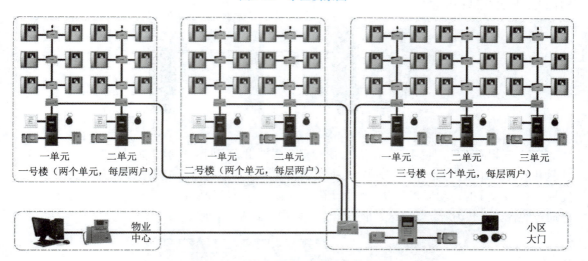

图1-31　联网型可视对讲系统结构图

典型案例1　常见的人行出入口通道闸

　　人行出入口通道闸根据其应用场合及功能需求的不同，可分为无拦挡式和拦挡式两种类型。无拦挡式设备由控制部分、人员通行检测部分、视觉/听觉指示部分和接口组成；拦挡式除包括以上部分外，还包括驱动部分和拦挡部分。

1. 无拦挡式

　　无拦挡式设备没有驱动机构和拦挡部分结构，安装该设备的通道一直处于无拦挡状态，常称为无障碍人行通道闸，如图1-32所示。管理和引导人员有序通行过程中，允许通行状态和禁止通行状态通过不同的视觉/听觉指示人员通行，禁止通行状态强行通行时，设备报警。该通道闸一般通过红外感应的方式检测过往人员，达到无障碍通行或直接统计人流量的目的，适合于对通行效率以及整体美观性要求较高的场合。

图1-32　无障碍人行通道闸

2. 拦挡式

拦挡式设备根据其拦挡部分的构造，可分为挡杆式和挡板式两种类型。

1）挡杆式

挡杆式主要包括一字闸、三辊闸、十字转闸等。

（1）一字闸是早期的闸机之一，拦挡部分是一根金属杆，通过闸杆的上下运动或者前后摆动来实现出入口的拦阻和放行，如图1-33所示。一字闸可用于各种收费、门禁场合的入口通道处，如地铁闸机系统、收费检票闸机系统等，但由于其闸杆是在同一垂直平面内90°升降，易伤到行人，因此逐渐被淘汰。

图1-33　一字闸

（2）三辊闸也叫三棍闸，拦挡部分由三根金属杆组成空间三角形，通过旋转实现出入口的拦阻和放行，如图1-34所示。三辊闸的人员通行检测主要通过其拦挡部分结构和角位检测共同完成，拦挡部分的运动形态沿着一个固定斜角的轴心进行滚动旋转。三辊闸适用于需要行人有序通行的各类公共场所，如景区、展览馆、电影院、车站、工地等。

图1-34　三辊闸

（3）十字转闸简称转闸，由三辊闸发展而来，借鉴了旋转门的特点，拦挡部分一般由四根金属杆组成平行于水平面的"十"字形，通过旋转实现出入口的拦阻和放行，如图1-35所示。十字转闸的人员通行检测功能可以通过其拦挡部分结构和角位检测共同完成，也可以采用红外等技术实现，其拦挡部分运动形态为水平旋转。根据拦挡部分高度的不同，分为全高转闸和半高转闸，适用于无人值守、对通行秩序和安保要求较高的场合，如体育馆、监狱、车站、军事管理区、化工厂、建筑工地等。

图1-35 十字转闸

2）挡板式

挡板式主要包括摆闸和翼闸等。

（1）摆闸拦挡部分的形态是具有一定面积的平面，垂直于地面，通过旋转摆动实现出入口的拦阻和放行，如图1-36所示。摆闸的拦挡部分运动形态为前后水平摆动，人员通行检测功能采用红外等无线技术实现，适用于对通道宽要求比较大的场合，包括携带行李包裹的行人或自行车较多的场合，以及行动不便者专用通道，如小区、学校、企业、工厂、超市等。

图1-36 摆闸

（2）翼闸又称速通门，其拦挡部分一般是扇形或矩形平面，通过伸缩实现出入口的拦阻和放行，如图1-37所示。翼闸的拦挡部分运动形态为垂直于通行方向运动，人员通行检测功能采用红外等无线技术实现。根据拦挡部分拦挡尺寸的不同，可分为一般翼闸和全高翼闸，适用于人流量较大的场合，如机场、地铁、车站、景区、学生宿舍、企业等。

图1-37 翼闸

典型案例2　路边停车管理系统

随着汽车保有量的逐年增加，汽车泊位会越来越紧张，在不影响交通的情况下，城市马路两边开设临时停车泊位，缓解城市停车的压力，也是城市交通规划发展的必然。同时，临时泊车位的规划，也提高了居民开车出行临时办事的方便性。因此，在全国各大城市相继出台了路边停车收费管理办法，对这些车位实行计时收费管理，路边停车管理系统应运而生。

1. 路边停车设置的基本要求

（1）路边停车泊位的设置应遵循保障道路交通有序、安全、畅通的原则。

（2）路边停车泊位的设置应处理好与机动车、非机动车和行人交通的关系，保障各类车辆和行人的通行和交通安全。

（3）路边停车泊位应按照道路顺行方向设置，原则上应位于车辆行驶方向的右侧。

（4）路边停车泊位可依据道路组成情况调整泊位布局形式，但必须满足泊位尺寸要求。

（5）路边停车泊位的位置和数量应结合不同区域的各类用地布局、开发强度和交通流量进行统筹考虑。

图1-38所示为路边停车实景应用图。

图1-38　路边停车实景应用图

2. 路边停车管理系统

早期的路边停车管理基本为纯人工管理收费，收费标准也是五花八门，经常会发生乱收费的现象，无法进行统一管理。随着停车场系统技术的不断发展，路边停车管理系统也得到了逐步发展和完善。

目前的路边停车管理系统是基于物联网和云计算服务的停车管理和运营管理系统，车辆进入管理区域时，管理员通过手持终端设备PDA或手机App实时抓拍车位照片并识别出车牌号码开始计时；在车辆离场时，用手机抓拍车牌计费，并由管理员收取停车管理费用。

系统可通过车位检测器等装置对所有车位的停车状态实时跟踪统计，可实现远程数据查询、电子地图车位状态监控、参数设置和费率调整；提供数据接口，为更大范围的行车、停车诱导系统提供基础数据；多种支付方式，支持市民卡、城市一卡通、银联卡、App支付、扫码支付（支持微信、支付宝等第三方支付）等。

图1-39所示为常见的路边停车管理系统示意图。

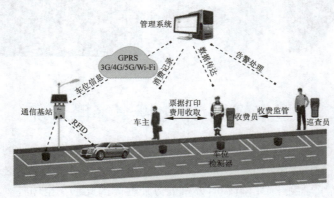

图1-39　常见的路边停车管理系统示意图

路边停车场管理系统的主要特点如下：

1）操作快捷方便

管理人员只需携带手持终端设备或在手机下载相应停车管理App，即可进行停车收费管理，投入成本低，大大提高车位管理效率和车位利用率，增加收益。

2）车辆快速识别

系统集成车辆号牌自动识别算法，实现车辆快速识别、快速检测，设备成本低，操作简单便捷。

3）统一的收费标准

系统设置统一的收费标准，管理人员可自行与系统对账，审计账单，对异常进行处理；多渠道监督，堵住财务漏洞，降低人员投入和管理成本。

4）自助缴费管理

采用微信、支付宝、手机App等多种电子支付手段让车主停车费直达管理账户，规避中间环节，降低设备成本与管理成本。

5）车辆盘点管理

实际停车车辆与系统记录车辆比对，有效解决车位数与实际不符的问题，大大提高车位管理效率和车位利用率，增加收益。

典型案例3　独栋型可视对讲系统

该项目建筑一座独栋型别墅，共有三层，一楼入户门为别墅的出入口，系统要求将别墅内的一至三楼联成一个整体的智能网络，可实现可视对讲及锁控的功能，免去了人在二楼却要跑到一楼去开门的苦恼。

1．项目分析设计

1）项目分析

（1）该别墅为独栋型别墅，需要建立独户型可视对讲系统。独户型的可视对讲即为每家每户独立的系统，可实现可视对讲、锁控等其他功能，但不受物业的控制。

（2）独户型可视对讲系统不需要管理中心机、单元分控器和层间适配器等中间设备，只需要门口机、室内机和可控门锁即可完成系统的搭建。

（3）别墅出入口为一楼入户门，因此门口机需安装在入户门附近。

（4）别墅为三层楼结构，每层都能实现可视对讲及锁控功能，因此每层需安装一台室内机。

（5）为保障可视对讲图像的清晰，可采用彩色可视对讲系统。

（6）可增加智能门禁功能，住户入门时，可实现刷卡开门。

2）初步方案

系统采用模拟彩色可视刷卡对讲系统，采用总线布线方式，采用别墅专用的彩色一拖三套装，即一台门口机三台室内机。一楼入户门口设置有一台门口机，每层设置有一台彩色可视室内机。门口机与任意一台室内机可实现可视通话，同时集成了智能门禁功能，用户可实现刷卡开锁。任意一台室内机可实现可视对讲和开锁功能，并能随时查看门口机采集的实时画面。

2. 系统特色

（1）来客辨认、双向对讲、主动监控。

（2）系统设备组成较少，布线方便，操作简单。

（3）集中供电、停电保护，停电时可视对讲功能全部保留，系统正常工作。

3. 系统拓扑图

该系统主要由一台门口机、三台室内机、电源、电插锁和出门按钮等设备组成。图1-40所示为独栋型可视对讲系统拓扑图。

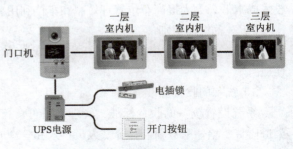

图1-40 独栋型可视对讲系统拓扑图

4. 系统接线图

图1-41所示为项目系统接线图。

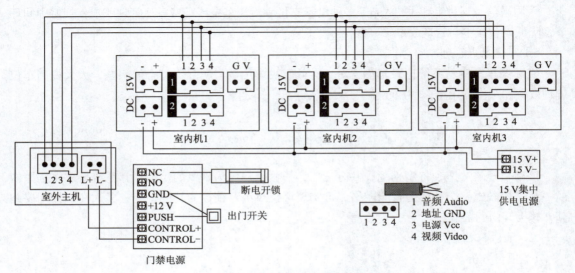

图1-41 项目系统接线图

课程思政1　细微中显卓越，执着中见匠心

2020年荣获"西安市劳动模范"称号的纪刚技师用16年的时间书写了匠心与执着。2004年，中专毕业的纪刚被西安开元电子实业有限公司录取，从学徒工做起的他开始不断地学习和钻研，不懂就问，反复练习，业余时间就去图书馆、书店"充电"，反复琢磨消化师傅教授的知识，每天坚持写工作日志，记录并核算自己在工作当中的不足……

16年时间，纪刚从一名学徒成长为国家专利发明人，拥有国家发明专利4项、实用新型专利12项，精通16种光纤测试技术、200多种光纤故障设置和排查技术。先后被授予"西安市劳动模范""西安市优秀党务工作者""西安好人""雁塔工匠""中国计算机学会（CCF）高级会员"等荣誉称号。

技能改变了命运，也把不可能变成了可能。他说："我只是一名普通的技术工人，能在自己的岗位上做好一颗螺丝钉，心里很踏实。"

扫描二维码观看《百炼成"刚"》微视频，该视频由中共西安市雁塔区委和西安市雁塔区人民政府出品,"以细微中显卓越,执着中见匠心"为主题介绍了西安市劳动模范纪刚技师的先进事迹。该视频在全国总工会与中央网信办联合主办的2020年"网聚职工正能量 争做中国好网民"主题活动中,获得优秀作品奖。

更多纪刚劳模先进事迹的媒体报道和Word版介绍资料,请访问中国铁道出版社有限公司网站(http://www.tdpress.com/51eds/)下载。

纪刚劳模工作照片

纪刚劳模传帮带徒照片

视频

《百炼成"刚"》微视频

习 题

1. 填空题(10题,每题2分,合计20分)

(1)出入口控制系统是利用自定义符识别和_____等模式识别技术对出入口目标进行识别,并控制出入口_____启闭的电子系统。(参考1.1.1知识点)

(2)出入口控制系统主要由_____、传输部分、管理/控制部分和_____组成。(参考1.1.2知识点)

(3)出入口控制的工作流程主要包括凭证授权、_____、道闸开启、_____、道闸关闭等。(参考1.1.3知识点)

(4)出入口控制系统常见的控制方式有入口单向控制、_____、多重控制、_____和出入日期/时间控制。(参考1.1.4知识点)

(5)停车场系统又称停车场安全管理系统,是对人员和_____进、出停车场进行_____、监控以及人员和车辆在场内的安全实现综合管理的电子系统。(参考1.2.1知识点)

(6)停车场系统主要由_____、场区部分、出口部分和中央管理部分等组成。(参考1.2.2知识点)

(7)一次完整的停车过程主要包括车辆进场、_____、停车、_____、车辆出场等。(参考1.2.3知识点)

(8)可视对讲系统又称访客对讲系统,是由小区出入口、楼栋单元门口、住户室内、保安中心等区域的设备组成,具有选呼、_____、监视等功能,并_____的安全管理系统。(参考1.3.1知识点)

(9)可视对讲系统主要有管理中心机、门口机(室外主机)、_____、单元分控器、_____、门锁等相关设备。(参考1.3.2知识点)

(10)可视对讲系统是小区居民的安全保障系统,针对不同用户的特点和功能要求可以选择不同的结构类型,按系统结构一般分为独栋型结构、_____和_____。(参考1.3.4知识

点）

2. 选择题（10题，每题3分，合计30分）

（1）出入口控制系统的识别方式可包括（　　）（参考1.1.2知识点）
　　A. 卡识别　　B. 人脸识别　　C. 二维码识别　　D. 蓝牙识别

（2）出入口控制系统识读部分主要实现目标身份信息识别，完成与（　　）的信息交流，对符合放行的目标予以放行，拒绝非法进入。（参考1.1.2知识点）
　　A. 凭证　　B. 传输设备　　C. 控制/管理部分　　D. 执行部分

（3）出入口控制系统传输线缆一般包括（　　）等。（参考1.1.2知识点）
　　A. 多芯线电缆　B. 同轴电缆　C. 网络双绞线　D. 光纤

（4）在安全性要求比较高的区域，出入口可设置多重识别，或一种识别方式进行（　　），或采用两种或两种以上不同的识别方式（　　）等。（参考1.1.4知识点）
　　A. 单向控制　B. 双向控制　C. 多重验证　D. 重叠验证

（5）下列（　　）场合可应用出入口控制系统。（参考1.1.5知识点）
　　A. 小区出入口　B. 地铁出入口　C. 车站出入口　D. 办公出入口

（6）停车场系统的功能主要包括（　　）。（参考1.2.1知识点）
　　A. 车辆人员身份识别　　　　B. 车辆资料管理
　　C. 车辆出入情况管理　　　　D. 停车收费管理

（7）停车场场区部分一般由（　　）等系统组成，应根据安全防范管理的需要选用相应系统，各系统宜独立运行。（参考1.2.2知识点）
　　A. 车辆引导系统　　　　　　B. 反向寻车系统
　　C. 视频安防监控系统　　　　D. 紧急报警系统

（8）车位引导系统主要包括（　　）。（参考1.2.2知识点）
　　A. 视频车位检测器　　　　　B. 查询机
　　C. 室内引导屏　　　　　　　D. 道闸

（9）单元分控器是可视对讲系统中的联网设备，主要用于单元与（　　）之间、单元与（　　）之间、单元与（　　）之间联网的数据转换。（参考1.3.2知识点）
　　A. 单元　　B. 室内机　　C. 小区门口机　　D. 管理中心机

（10）独栋单户使用的可视对讲系统，其特点是每户（　　）室外主机，并且可以连接（　　）室内分机。（参考1.3.4知识点）
　　A. 一个　　B. 二个　　C. 多个　　D. 一个或多个

3. 简答题（5题，每题10分，合计50分）

（1）绘制出入口控制系统的逻辑构成，并对各部分做简要说明。（参考1.1.2知识点）

（2）简述出入口控制系统的基本工作过程。（参考1.1.3知识点）

（3）绘制停车场系统组成框图，并对各部分做简要说明。（参考1.2.2知识点）

（4）简述停车场系统的主要工作原理。（参考1.2.3知识点）

（5）简述可视对讲系统的主要设备及其主要功能。（参考1.3.2知识点）

实训项目1　认识出入口控制系统

1. 实训任务来源

出入口控制系统是安全防范系统的一个重要组成部分，是一种先进的、防范能力极强的综合系统，已广泛应用到教育机构、企事业单位、交通与城市管理、医院、酒店等各种领域。同时，出入口控制系统已成为相关专业的必修课程或重要的选修课程。

2. 实训任务

独立完成出入口控制系统认知，包括出入口控制系统各组成部分的相关硬件设备，以及各个设备之间的连接关系，并绘制出入口控制系统的接线图。

3. 技术知识点

熟悉GB 50348—2018《安全防范工程技术标准》国家标准对出入口控制系统定义和构成的相关规定。

（1）出入口控制系统是利用自定义符识别和（或）生物特征等模式识别技术对出入口目标进行识别，并控制出入口执行机构启闭的电子系统。

（2）出入口控制系统主要由识读部分、传输部分、管理/控制部分和执行部分组成。

更多知识点详见"1.1 出入口控制系统概述"相关内容。

4. 实训课时

（1）该实训共计1课时完成，其中技术讲解10分钟，视频演示10分钟，学员操作20分钟，实训总结5分钟。

（2）课后作业2课时，独立完成实训报告，提交合格实训报告。

5. 实训指导视频

ACS–实训11–西元出入控制道闸系统实训装置

6. 实训设备

西元出入控制道闸系统实训装置，产品型号 KYZNH-71-4，参见图1-2，出入口控制系统拓扑图参见图1-3。

本实训装置专门为满足出入口控制系统的工程设计、安装调试等技能培训需求开发，配置有刷卡+指纹一体机、体温检测+人脸识别智能面板机、道闸控制电路板、限位控制器、机械执行设备、红外检测开关、通电延时设备、语音提示设备、通行指示设备等，特别适合学生认知和技术原理演示，具有工程实际使用功能，能够在真实的应用环境中进行工程安装实践和操作管理，理实合一。

7. 实训步骤

西元出入控制道闸系统实训装置将出入口控制系统的四个主要组成部分集成在一起，认识实训装置上的所有设备，了解各个设备之间的连接关系，快速完成对出入口控制系统的认知。

（1）设备认知。逐一认识装置上出入控制道闸系统的实物设备，并说明其属于出入控制道闸系统的哪个组成部分，以及它的基本功能和作用。

（2）布线认知。观察各个设备所接线缆，说明各个线缆的作用以及各设备之间的连接关系。

（3）独立绘制本装置出入口控制系统的接线图。

（4）两人一组，通过实训装置互相介绍出入口控制系统。

8. 实训报告

按照表1-1所示的实训报告模板（或学校模板）独立完成实训报告，2课时。

为了通过实训报告训练读者的文案编写能力，训练技工、工程师等专业人员的严谨工作态度、职业素养与岗位技能，作者对本书的全部实训报告提出如下具体要求，请教师严格评判。

（1）实训报告应该是一项工作任务，日事日毕，必须按照规定时间完成，教师评判成绩时，未按时提交者直接扣10分（百分制）。

（2）实训报告必须提交打印版或电子版，要求页面和文字排版合理规范，图文并茂，没有错别字。建议教师评判时，出现1个错别字直接扣5分。

（3）全部栏目内容填写完整，内容清楚、正确。表格为A4幅面，按照填写内容调整。

（4）"实训步骤和过程描述"栏，必须清楚叙述主要实训操作步骤和过程，总结关键技能，增加实训过程照片、作品照片、测试照片等，至少有一张本人出镜的正面照片。

（5）"实训收获"栏描述本人完成工作量和实训收获，以及掌握的实践技能和熟练程度等。

表1-1 实训报告模板

学校名称		学院/系		专业	
班级		姓名		学号	
课程名称		实训项目		日期	年　月　日

实训报告类别	成绩	实训报告内容
（1）实训任务来源和应用	5分	
（2）实训任务	5分	
（3）技术知识点	5分	
（4）关键技能	5分	
（5）实训时间（按时完成）	5分	
（6）实训材料	5分	
（7）实训工具和设备	5分	
（8）实训步骤和过程描述	30分	
（9）作品测试结果记录	20分	
（10）实训收获	15分	
（11）教师评判与成绩		

说明：该实训报告适用全书，也可根据不同项目进行增减。

单元 1　认识出入口控制系统

实训项目2　认识停车场系统

1. 实训任务来源
停车场系统是安全防范系统的一个重要组成部分，是一种先进的、防范能力极强的综合系统，已广泛应用到教育机构、企事业单位、交通与城市管理、医院、酒店等各种领域。同时，停车场系统已成为相关专业的必修课程或重要的选修课程。

2. 实训任务
独立完成停车场系统认知，包括停车场系统各组成部分的相关硬件设备，以及各个设备之间的连接关系，并绘制停车场系统的接线图。

3. 技术知识点
熟悉GB 50348—2018《安全防范工程技术标准》国家标准对停车场系统定义和构成的相关规定。

（1）停车场安全管理系统是对人员和车辆进、出停车场进行登录、监控以及人员和车辆在场内的安全实现综合管理的电子系统。

（2）停车场系统主要由入口部分、场区部分、出口部分和中央管理部分等组成。

更多知识点详见"1.2 停车场系统概述"相关内容。

4. 实训课时
（1）该实训共计1课时完成，其中技术讲解10分钟，视频演示10分钟，学员操作20分钟，实训总结5分钟。

（2）课后作业2课时，独立完成实训报告，提交合格实训报告。

5. 实训指导视频
ACS-实训12-西元智能停车场系统实训装置

西元智能停车场系统实训装置

6. 实训设备
西元智能停车场系统实训装置，产品型号：KYZNH-07-3，参见图1-9，停车场系统拓扑图参见图1-10。

本实训装置专门为满足停车场系统的工程设计、安装调试等技能培训需求开发，配置有图像采集摄像机、视频车位检测器、查询机、入口信息显示屏、室内引导屏及管理软件等，特别适合学生认知和技术原理演示，具有工程实际使用功能，能够在真实的应用环境中进行工程安装实践和操作管理，理实合一。

7. 实训步骤
1）预习和播放视频

课前应预习，初学者提前预习，请扫描二维码观看实操视频，熟悉技术知识点，了解停车场系统的基本概念、组成和设备连接关系。

2）实训内容

西元智能停车场系统实训装置将停车场系统的各个主要组成部分集成在一起，这里要求认识实训装置上的所有设备，了解各个设备之间的连接关系，快速完成对停车场系统的认知。

（1）设备认知。逐一认识智能停车场系统出入口部分、场区部分和中央管理部分的实物设备，并说明其基本的功能和作用。

（2）原理认知。根据本单元内容，完成车辆进场、车位引导、停车、寻车和车辆出场一个

25

完整的停车过程，并说明其主要工作原理。

① 设备通电开机。打开岗亭上安装的PDU（Power Distribution Unit，电源分配单元）供电插座，给装置供电；打开查询机电源开关，并按下开机按钮，启动查询机；打开笔记本计算机。

② 启动管理软件。在笔记本计算机上分别双击启动停车场管理服务器、停车场管理客户端和车位引导管理软件，相关软件正常启动后，智能停车场系统进入正常工作状态。

③ 利用遥控器控制模拟车辆驶向入口道闸，车牌识别一体机识别车辆，道闸抬杆，显示车辆信息并发出语音提示，车辆通过地感线圈后，道闸落杆。车辆入场过程中，可查看停车场管理客户端软件实时界面情况，了解软件相关内容。

④ 查看入口信息屏和室内引导屏以及视频车辆检测器红绿灯情况等停车场信息，将车辆停放在模拟车库的车位中。

⑤ 车辆进出车位时，可查看车位引导管理软件界面，了解停车场相关实时数据，同时可查看车位上方的视频车位检测器指示灯的变化。

⑥ 在查询机上输入车辆的车牌或车位号等信息，查询车辆的停放位置，选择正确查询结果，点击查看路线，根据系统规划的最优路线，快速找到车辆。

⑦ 控制车辆离开车位，驶向出口道闸，车牌识别一体机识别车辆，道闸抬杆，显示车辆信息并发出语音提示，车辆通过地感线圈后，道闸落杆。车辆出场过程中，可查看停车场管理客户端软件实时界面情况，了解软件相关内容。

（3）两人一组，通过实训装置互相介绍，熟悉停车场系统。

8. 实训报告

按照表1–1所示的实训报告模板（或学校模板）独立完成实训报告，2课时。

实训报告

实训项目3　认识可视对讲系统

1. 实训任务来源

可视对讲系统是安全防范系统的一个重要组成部分，是一种先进的、防范能力极强的综合系统，已广泛应用到教育机构、企事业单位、交通与城市管理、医院、酒店等各种领域。可视对讲系统已成为相关专业的必修课程或重要的选修课程。

2. 实训任务

独立完成可视对讲系统认知，包括可视对讲系统的主要硬件设备以及各个设备之间的连接关系，并绘制可视对讲系统的接线图。

3. 技术知识点

熟悉GB/T 31070.1—2014《楼寓对讲系统 第1部分：通用技术要求》国家标准对可视对讲系统定义和构成的相关规定。

（1）可视对讲系统是用于住宅及商业建筑，具有选呼、对讲、可视等功能，并能控制开锁的电子系统。

（2）可视对讲系统主要设备有管理中心机、室外主机（门口机）、室内机、单元分控器、层间适配器、电控锁等。

更多知识点详见"1.3 可视对讲系统概述"相关内容。

4. 实训课时

（1）该实训共计1课时完成，其中技术讲解10分钟，视频演示10分钟，学员操作20分钟，实训总结5分钟。

（2）课后作业2课时，独立完成实训报告，提交合格实训报告。

5. 实训指导视频

ACS–实训13–西元智能可视对讲系统实训装置

西元智能可视对讲系统实训装置

6. 实训设备

西元智能可视对讲系统实训装置，产品型号KYZNH-04-2，参见图1-24，可视对讲系统图参见图1-23。

本实训装置专门为满足可视对讲系统的工程设计、安装调试等技能培训需求开发，配置有管理中心机、门口机、室内分机、单元分控器、层间适配器、防盗门、电控锁及开门按钮等，特别适合学生认知和技术原理演示，具有工程实际使用功能，能够在真实的应用环境中进行工程安装实践和操作管理，理实合一。

7. 实训步骤

1）预习和播放视频

课前应预习，初学者提前预习，请扫描二维码观看实操视频，熟悉技术知识点，了解可视对讲系统的基本概念、组成和设备连接关系。

2）实训内容

西元智能可视对讲系统实训装置将可视对讲系统的各个主要组成部分集成在一起，这里要求认识实训装置上的所有设备，了解各个设备之间的连接关系，快速完成对可视对讲系统的认知。

（1）设备认知。逐一认识装置上可视对讲系统实物设备，并说明其基本的功能和作用。

（2）布线认知。观察各个设备所接线缆，说明各个线缆的作用以及各设备之间的连接关系。

（3）独立绘制本装置可视对讲系统的接线图。

（4）两人一组，通过实训装置互相介绍，熟悉可视对讲系统。

8. 实训报告

按照表1-1所示的实训报告模板（或学校模板）独立完成实训报告，2课时。

实训报告

单元 2

出入口控制系统常用器材与工具

器材与工具是任何一个系统工程的基础，通过对出入口控制系统、停车场系统和可视对讲系统主要器材的学习，加深对其结构组成与功能特点的理解，而工具的正确使用直接决定着工程施工质量与效率。本单元主要介绍出入口控制系统、停车场系统和可视对讲系统的常用器材与工具特点和使用方法。

学习目标：
- 认识出入口控制系统、停车场系统和可视对讲系统工程常用器材，熟悉其基本工作原理和安装使用方法。
- 认识出入口控制系统、停车场系统和可视对讲系统工程常用工具，掌握其基本使用方法和技巧。

2.1 出入口控制系统常用器材

2.1.1 识读部分

1. 射频识别控制器

射频识别（RFID）控制器是一种射频收发器，一般集成安装在出入口控制系统设备刷卡区对应的内部位置，方便目标凭证的刷卡操作。它集成了半导体技术、射频技术、高效解码算法等多种技术，一旦进入工作状态，会发射射频信号来激活射频卡。它能够从所收到的各种反射信号中甄别出射频卡所反射的微弱信号，读取用户卡的信息，辨别卡的合法性，从而发出是否开闸的指令。

不同的应用场合和功能需求下的射频识别控制器在外形结构上会有所差别，但功能上基本大同小异。图2-1所示为西元出入控制道闸系统实训装置所选型的射频识别控制器。

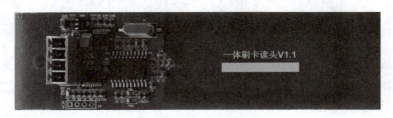

图2-1 射频识别控制器

射频识别控制器主要由读头和控制板两部分组成，其中读头用于射频卡信息的读取，控制板用于采集信息的处理，以及与一体化道闸控制板之间的信息交流。图2-2所示为其结构示意图。

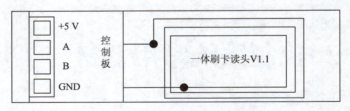

图2-2　射频识别控制器结构示意图

2. 指纹识别控制器

指纹识别控制器是具备指纹采集、存储、比对及结果输出等功能的装置。它采用高科技的数字图像处理、生物识别及DSP（Digital Signal Processing，数字信号处理）算法等技术，用于门禁安全、出入人员识别控制，一般集成嵌入式安装在出入口控制系统凭证识别区域对应的位置，方便目标进行指纹验证操作。当目标将指头置于其采集区域时，它能快速识读采集用户的指纹信息，辨别其合法性，同时发出是否开闸的指令。图2-3所示为西元出入控制道闸系统实训装置所选型的指纹识别控制器。

指纹识别控制器主要由指纹识别模块和指纹仪转接板组成，其中指纹识别模块用于指纹信息的识别采集和对比，指纹仪转接板用于指纹信息的转换，实现与一体化道闸控制板之间的信息交流。图2-4所示为指纹仪转接板。

图2-3　指纹识别控制器

图2-4　指纹仪转接板

图2-5所示为指纹识别过程。

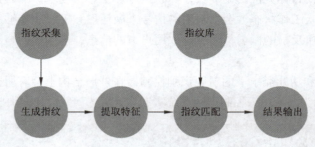

图2-5　指纹识别过程

（1）指纹采集：通过指纹采集设备获取目标的指纹信息。

（2）生成指纹：指纹识别控制器对采集的指纹信息进行预处理，生成指纹图像。

（3）提取特征：从指纹图像中提取指纹识别所需的特征点。

（4）指纹匹配：将提取的指纹特征，与数据库中保存的指纹特征进行匹配，判断是否为相同指纹。

（5）结果输出：完成指纹匹配处理后，输出指纹识别的处理结果。

3. 动态人脸识别机

动态人脸识别机是以动态人脸识别技术为核心，基于人的脸部特征信息进行身份识别的装置。动态人脸识别机一般安装在出入口控制系统凭证识别区域对应的位置，方便目标进行人脸验证操作，具有人脸检测、采集、搜索、验证等功能。当目标的人脸进入识别区域时，动态人脸识别机能快速捕捉采集人脸信息，辨别其合法性，同时发出是否开闸的指令。

动态人脸识别机一般是由人脸识别摄像头、高清显示屏、语音播报器、补光灯、控制主板及其配套操作系统、外壳等组成的一体化设备。图2-6所示为西元出入控制道闸系统实训装置所选型的动态人脸识别机。

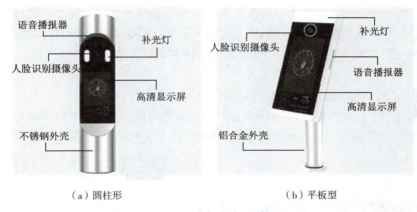

（a）圆柱形　　　　　　　　　　（b）平板型

图2-6　动态人脸识别机

图2-7所示为人脸识别过程。

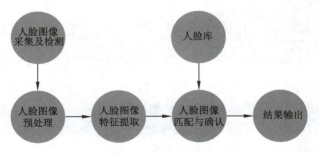

图2-7　人脸识别过程

（1）人脸图像采集及检测：人脸识别机通过摄像头，实时采集抓拍进入其识别范围的人脸图像，并对抓拍的静态图片进行人脸模型检测，即在画面中精确标定出人脸的方位和巨细（大小、细节等）。人脸图像中包含的形式特征非常丰富，如直方图特征、色彩特征、模板特征、结构特征等，人脸检测就是把这其中有用的信息挑出来，并运用这些特征完成人脸检测。

（2）人脸图像预处理：根据人脸检测结果，对人脸图像进行处理并服务于特征提取的进程。获取的原始图像因为各种条件的约束和干扰，往往不能直接运用，必须对其进行图像预处理，包括人脸图像的光线补偿、灰度变换、直方图均衡化、归一化、滤波及锐化等。

（3）人脸图像特征提取：人脸特征提取是对人脸进行特征建模的进程。通过对人脸特征部位的检测和标定，确定人脸图像中的显著特征点（眉毛、眼睛、鼻子、嘴巴等器官），同时对脸部器官以及脸外围轮廓的形状信息进行提取描述。根据检测和标定结果，计算得出特征数据。

（4）人脸图像匹配与确认：提取的人脸图像的特征数据与数据库中存储的特征模板进行查找匹配，依据类似程度对人脸的身份信息进行判别。

（5）结果输出：完成人脸匹配处理后，输出人脸识别的处理结果。如果与数据库中的信息比对相同，给出识别人的身份信息；如果不存在，提示身份验证失败。

2.1.2 管理/控制部分

1. 一体化道闸控制电路板

一体化道闸控制电路板是出入口控制系统的核心控制部件，一般集成安装在出入口控制系统的道闸控制柜内，用于完成出入口控制系统所有信息的分析和处理。不同类型的道闸系统配置的一体化道闸控制电路板在外形结构上会有所差别，但功能上基本大同小异。下面以西元出入控制道闸系统实训装置配置的一体化道闸控制主电路板和副电路板为例，对其进行具体介绍。

1）一体化道闸主电路板

（1）主要组成：一体化道闸主电路板主要包括主电路板LCD屏、调试按键、集成控制电路和设备接口。图2-8所示为一体化道闸主电路板实物图，图2-9所示为其结构示意图。

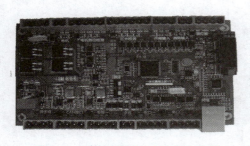

图2-8 一体化道闸主电路板实物图

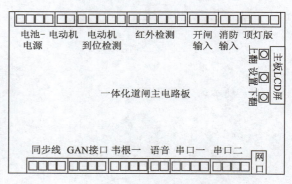

图2-9 一体化道闸主电路板结构示意图

① 主电路板LCD屏：主要用于主电路板相关信息的显示，包括主电路板IP、当前日期和时间、主电路板各项设置功能等，一般与调试按键配合完成主电路板的手动调试工作。

② 调试按键：包括上翻、设置和下翻三个按键，用于主电路板的功能调试和设置。

③ 集成控制电路：由各种电子元器件、处理器等组成，是主电路板的核心，完成系统数据的处理和存储等。

④ 设备接口：主电路板上引出配置了各种设备接口，用于连接电源、识读部分、执行部分、控制主机等相关设备。

（2）主要功能：

① 供电功能：通过设备接口可实现对识读部分、执行部分设备的供电。

② 信息处理功能：通过设备接口可实现系统信息的接收、处理和发送。

③ 系统设置功能：通过调试按键可对系统的各项功能进行调试和设置。

2）一体化道闸副电路板

一体化道闸副电路板主要由集成控制电路和设备接口组成。图2-10所示为实物图，图2-11所示为其结构示意图。

图2-10　一体化道闸副电路板实物图　　　　图2-11　一体化道闸副电路板结构示意图

一体化道闸副电路板可以说是主板的功能扩充板，其功能、接口与主板基本相同，它的功能设置、工作电源由一体化道闸主电路板通过同步线实现。

2. RFID射频授权控制器

RFID射频授权控制器俗称发卡器，是对射频卡进行读/写操作的工具。发卡器可以进行读卡、写卡、授权、格式化等操作。图2-12所示为常见的发卡器，图2-13所示为西元出入控制道闸系统实训装置所选型的发卡器。

图2-12　常见的发卡器　　　　　　　图2-13　西元实训装置发卡器

发卡器在出入口控制系统卡片的初始化、注册、注销时使用，配合用户在管理软件中进行卡片信息的管理，具有多协议兼容、体积小、读取速率快、多标签识读等优点，可广泛应用于各种RFID系统中。其主要结构和功能如下：

（1）对卡片授权，将卡片的序号读入控制主机管理软件。

（2）通过配套的数据线完成发卡器的供电和数据传输，即插即用。

（3）发卡器主要由读卡区和指示区构成，读卡区负责卡片的识读，指示区一般由电源指示灯、读卡指示灯显示当前工作状态，同时会配有蜂鸣器提示。

3. 指纹采集器

指纹采集器是利用相关生物识别技术，进行指纹识别采集的一种精密电子仪器，其工作原理与指纹识别控制器基本相同，一般配置和安装在出入口控制系统监控中心，用于目标用户指纹信息的采集。图2-14所示为常见的指纹采集器。

根据其应用技术原理的不同，指纹采集器可分为光学式、电容式、生物射频式和超声波式指纹采集器。

| 光学式 | 电容式 | 生物射频式 |

图2-14 常见的指纹采集器

（1）光学式指纹采集器：它是出入口控制系统最常用的指纹采集器，通过利用光线反射成像的原理，识别获取指纹的信息。这种方式对使用环境的光照、温湿度有一定的要求，如冬天冰凉的手指偶尔会出现无法识别的现象，经常需要把手指放到嘴边哈气一会儿才能识别。

（2）电容式指纹采集器：它是利用一定间隔安装的两个电容，指纹的高低起伏会导致二者之间的电位差出现不同的变化，借此可实现准确的指纹测定。这种方式对手指的干净程度要求比较高，由于其对使用环境无特殊要求，同时组件体积较小，因而在手机领域应用比较广。

（3）生物射频式指纹采集器：它是通过射频传感器发射微量射频信号，穿透手指的表皮层，获取里层的纹路以获取指纹信息。这种方式对手指的干净程度要求较低，人们去办理身份证时是需要录入指纹的，这个录入设备就是生物射频指纹识别采集器。

（4）超声波式指纹采集器：它是利用超声波来扫描指纹，可对指纹进行更深入的分析，即便手指沾有水、汗或污垢都无碍超声波的扫描采样。超声波指纹识别是最新的一种指纹识别技术，一般应用于手机解锁领域。

4. 控制主机及管理软件

控制主机是出入口控制系统的控制中心设备，完成对出入口控制系统的整体控制和管理。控制主机上一般会安装有出入口控制系统的相关管理软件，通过软件和硬件结合的方式，可实时监控、显示、记录系统的工作状态。

控制主机一般安装在安防系统监控中心，接收来自一体化控制电路板发出的各种信息，并对这些信息进行处理、存储和显示。同时可实现对出入口控制系统的功能设置、目标人员信息管理、目标凭证信息的鉴别、凭证的权限设置等功能，确保系统各组成部分的合理运行。

出入口控制系统管理软件一般包括数据库软件、道闸调试软件、信息同步软件和系统管理软件等，实现对出入口控制系统的智能管理。数据库软件主要用于出入口控制系统各种数据信息的存储和调用；道闸调试软件用于一体化控制电路板的调试与基本功能设置；信息同步软件可完成系统相关设备的添加和参数设置、系统信息的实时显示和同步等功能；系统管理软件主要用于系统相关目标人员信息的管理，如人员信息的添加、人员凭证的添加、凭证权限的设置等，同时根据具体的功能需求，可添加扩展如人员考勤、安保巡更、人员身份核实、出入流量统计等日常管理工作需求的功能。

2.1.3 执行部分

1. 通行指示屏

通行指示屏是由发光二极管（LED）组成的点阵屏，通常由显示模块、控制系统及电源系统组成，如图2-15所示。通行指示屏一般集成嵌入式安装在出入口控制系统道闸柜内，通过与一体化控制电路板连接，完成其发来的执行命令，显示相应的指示信息。

当目标凭证经识别验证合法时，一体化控制板发送通行指示命令给通行显示屏，通行显示屏通过灯珠亮或灭显示绿色箭头↙，指示行人正确、安全通行；当目标凭证非法或无凭证验证时，通行显示屏通过灯珠亮或灭显示红色叉号×，指示该通道不可通行，如图2-16所示。

  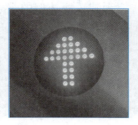 

图2-15　通行指示屏　　　　　　　　　　图2-16　通行指示

2. 红外发射探测器

红外发射探测器是利用被测物对光束的遮挡，从而检测物体的有无，一般由发射端和接收端组成，如图2-17所示。

发射端向接收端发射红外光束，当红外线被阻挡遮断时，接收端接收不到红外线即发送信号给一体化控制电路板。发射端有两条电源

图2-17　红外发射探测器

输入线，供电正常指示灯长亮；接收端有两条电源输入线和一条信号输出线，当人通过该区域时，即隔断时输出+12 V，反之输出 0 V。

3. 电磁限位控制器

电磁限位控制器是接近开关的一种，它是无须与检测部件进行机械直接接触就可以操作的位置开关。当金属进入控制器感应面的识别距离时，即发送感应信号给一体化道闸控制电路板，控制道闸电动机停止运行，进而使得道闸挡板停止在设定位置。图2-18所示为西元出入控制道闸系统实训装置所选型的电磁限位控制器。

电磁限位控制器主要由检测输出模块和指示灯组成，检测输出模块通过电磁感应原理实时检测金属物质并发出信号，指示灯包括电源指示灯（绿色）和检测指示灯（红色）。当设备正常供电时，电源指示灯亮；当检测到金属物质时，检测指示灯亮，如图2-19所示。

图2-18　电磁限位控制器　　　　　　　　图2-19　检测到金属物质

电磁限位控制器共有三条线，其中两条电源输入线和一条信号输出线，当感应头检测到金属物体（感应距离2～4 mm）时输出+12 V，反之输出 0 V。

4. 永磁直流电动机

永磁直流电动机是利用永磁体建立磁场，实现直流电能转换为机械旋转的一种直流电动

机。永磁直流电动机内部主要由永磁体、转子（线圈）、换向器等组成，电动机通电之后，转子的带电线圈变成了一个电磁铁，在永磁体的磁力作用下转动；随着转子的旋转，线圈里面的电流就会因为换向器的作用而改变方向，从而改变转子的磁极，使得转子能够持续不断旋转下去。总而言之，电动机是将电源的电能转化为机械能，并通过转轴输出到被控物体上。图2-20所示为西元出入控制道闸系统实训装置所选型的永磁直流电动机。由于其结构简单、体积小，广泛用于家电、办公设备、电动工具、医疗等领域。

5. 语音提示播放器

语音提示播放器主要用于辅助提示行人通行，包括通行提示和警告提示，如"欢迎光临""请勿逆行""请勿非法闯入"等。图2-21所示为西元出入控制道闸系统实训装置所选型的语音提示播放器，它与控制主板上的语音模块连接，实现系统语音提示功能。

图2-20　永磁直流电动机　　　　　　　　图2-21　语音提示播放器

6. 人行通道闸

人行通道闸为出入口控制系统的主要执行设备，一般安装在人行通道的出入口，通过设备机身、设备机身与构筑物（墙体或护栏等建筑设施）之间形成专门的通行通道，实现控制或引导人员出入的目的。人行通道闸主要由机身部分和拦挡部分组成，机身部分主要选用钢、不锈钢等材料制成，用于安装出入口控制系统的相关组成设备及联动机构，如射频识别控制器、动态人脸识别机、永磁直流电动机等；拦挡部分一般采用不锈钢、亚克力等不易破碎且不易伤人的材料或结构，用于通行通道的关闭和放行。图2-22所示为常见的人行通道闸。

图2-22　常见的人行通道闸

2.2　停车场系统常用器材

2.2.1　出入口部分

1. 道闸

道闸又称挡车器，它是专门用于道路上限制机动车行驶的通道出入口管理设备，现广泛应用于公路收费站、停车场系统通道等场合，作用是管理车辆的出入。道闸可单独通过无线遥控

单元 2　出入口控制系统常用器材与工具

实现起杆、落杆，也可以通过停车场系统实行自动管理状态，入场自动识别放行车辆，出场时收取停车费后自动放行车辆。根据道闸的使用场所，其闸杆可分为直杆、栅栏杆及曲臂杆等，如图2-23所示。

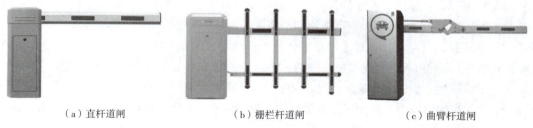

(a) 直杆道闸　　　　　(b) 栅栏杆道闸　　　　　(c) 曲臂杆道闸

图2-23　常见的出入口道闸

不同厂家的道闸在外形结构上会有所差别，但功能上基本大同小异，下面以西元智能停车场系统实训装置配置的出入口道闸为例，对其进行具体介绍。

2．主要结构功能

道闸主要由机箱、闸杆、一体化机芯、电动机、传动机构、平衡弹簧、道闸控制电路板、手动摇把等部分组成，如图2-24所示。

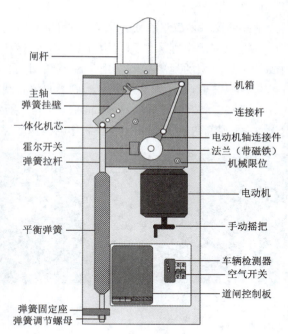

图2-24　道闸结构图

（1）机箱：用于安装道闸系统的相关部件，要求其结构坚实、牢靠、耐风雨、耐擦洗，外观色彩要鲜明。机箱的外壳能用钥匙打开和拆下，方便操作和维修。

（2）闸杆：安装在道闸机箱背面的杆把座上，随着主轴的转动实现水平到垂直的90°运行。

（3）一体化机芯：将变速箱、变矩机构等部件集成于一体，大大减少了机箱内部部件数量，大幅度提升了设备的整体可靠性。

（4）电动机：道闸电动机要用电安全，具备开、关、停控制等功能。

37

(5）传动机构：用于道闸动力的传输，进而实现对闸杆的动作控制，包括弹簧挂壁、连接杆、电动机轴连接件、法兰等部件。同时防止人为抬杆和压杆，将外部作用力通过传动机构巧妙地卸载到机箱上。

(6）平衡弹簧：采用平衡拉伸弹簧，可以根据闸杆的长度来改变弹簧与主轴之间的力臂大小，从而改变弹簧的受力大小，使道闸达到平衡。

(7）道闸控制电路板：一种采用数字化技术设计的智能型多功能控制设备，具有良好的智能判定功能和很高的可靠性，是智能道闸的控制核心，用于实现道闸系统的自动控制。

(8）手动摇把：当道闸出现故障时，可手动操作摇把控制道闸的抬杆或落杆。

(9）无线接收器：用于遥控器控制信号的接收和传送，安装在机箱外部背面的下方。

3. 地感线圈与车辆检测器

地感线圈与车辆检测器一般都配合成套使用，是一种基于电磁感应原理的检测装置。地感线圈用于数据采集，车辆检测器用于实现数据判断，并输出相应的逻辑信号。当车辆通过地感线圈或者停在该线圈上时，车辆自身的金属材质将会改变线圈内的磁通，引起线圈回路电感量的变化，车辆检测器通过检测该电感量的变化来判断是否有车辆经过。地感线圈与车辆检测器一般同道闸配合使用，可起到防砸车和车过自动落闸的作用。

1）地感线圈

地感线圈一般安装在道闸附近车道的路面内，在路面上先开出一个圆形或者矩形的沟槽，然后在这个沟槽中埋入四到六匝导线，通过检测器提供一定的工作电流，作为传感器，这就构成了一个典型的地感线圈。由于地感线圈安装在室外路面环境下，故要求其具有耐高温、抗老化、耐酸碱、防腐蚀等特点，常用的地感线圈线材为铁氟龙高温镀锡线缆，线径一般为 0.5 mm、0.75 mm、1.0 mm、1.5 mm等。图2-25所示为已敷设完成的地感线圈现场图，图2-26所示为西元智能停车场系统实训装置制作的模拟地感线圈。

图2-25　已敷设完成的地感线圈现场图

图2-26　模拟地感线圈

2）车辆检测器

图2-27所示的车辆检测器一般由检测器和接线底座组成。检测器内部安装有控制电路板、继电器等模块，实现检测和控制功能。检测器外部通过伸出的触点插接在接线底座上，接线底座将触点合理分配在上下两端，方便设备接线。检测器一般固定在道闸箱体内部，地感线圈的引出线接入道闸机箱与其连接。

图2-28所示为检测器外部指示灯及开关定义图。

单元 2　出入口控制系统常用器材与工具

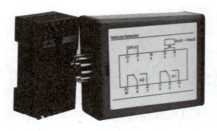 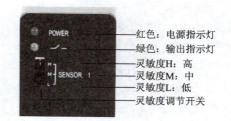

图2-27　车辆检测器　　　　　　　图2-28　检测器外部指示灯及开关定义图

4. 车牌识别一体机

车牌识别一体机是计算机视频图像识别技术在车辆牌照识别中的一种应用,即从图像信息中将车牌号码识别并提取出来,其主要包括识别摄像机和信息显示等部分,集成了自动采集识别和显示车牌信息、语音提示、图像采集、控制道闸等功能。图2-29所示为常见的车牌识别一体机,图2-30所示为西元智能停车场系统实训装置车牌识别一体机。

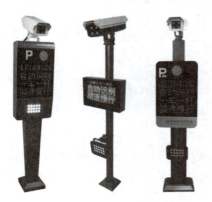 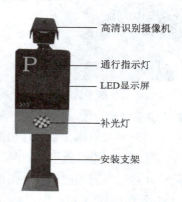

图2-29　常见的车牌识别一体机　　　图2-30　西元智能停车场系统实训装置车牌识别一体机

1) 识别摄像机

识别摄像机是专门针对停车场系统推出的,为嵌入式的智能高清车牌识别一体机产品,设备选用200万高清宽动态摄像机,采用宽动态技术,通过可调角度的专用支架固定在识别一体机顶部,摄像机外部安装专用护罩,如图2-31所示。

识别摄像机内部主要包括高清车牌识别抓拍单元、镜头和内置补光灯,并配套有安装支架、护罩、万向节等。高清车牌识别抓拍单元是高清识别摄像机的核心部件,如图2-32所示。

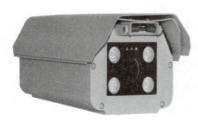

图2-31　识别摄像机　　　　　　　图2-32　车牌识别抓拍单元

2) 信息显示部分

信息显示部分集成安装在车牌识别一体机的箱体中,包括LED显示屏、电源模块、语音模

39

块、控制主板、补光灯等。

LED显示屏主要有智能红绿灯通行提示、车牌信息显示等功能，绿灯亮表示车辆允许通行，同时显示车牌号码等相关车辆信息。

语音模块通过控制板实现语音提示播报，可根据需求自定义语音内容，如"欢迎光临""一路平安"等。

控制主板是信息显示部分的控制核心，通过与高清识别摄像机的信息交流，智能地控制各组成部分。

补光灯会在夜间或者光线较暗的环境下自动打开，完成对高清识别摄像机的补光操作。图2-33所示为显示部分控制主板实物图，图2-34所示为其接口示意图。

图2-33　显示部分控制主板实物图

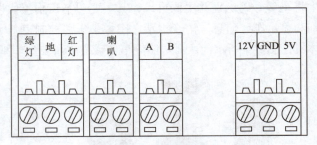
图2-34　接口示意图

5. 车牌识别技术

车牌识别技术是指对摄像机所拍摄的车辆图像或动态视频，经过机器视觉、图像处理和模式识别等算法处理后，自动读取车牌号码、车牌颜色等信息的技术。当检测到车辆到达时，触发图像采集单元自动采集当前的视频图像。车牌识别单元对图像进行处理，定位出牌照位置，再将牌照中的字符分割出来进行识别，然后组成牌照号码输出。

图2-35所示车牌识别的主要工作过程分为图像采集、图像处理、车牌定位、车牌校正、字符分割、字符识别和结果输出，再用软件编程来实现每一部分功能，最后识别出车牌，输出车牌号码等相关信息。

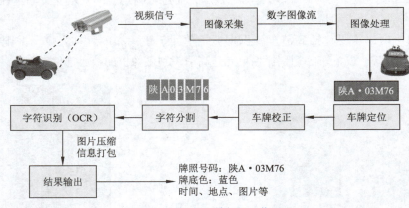
图2-35　车牌识别主要工作过程

（1）图像采集：根据车辆检测方式的不同，图像采集一般分为两种方式。一种是静态模式下的图像采集，通过车辆触发地感线圈、红外或雷达等装置，摄像机在接收到触发信号后抓拍图像。另一种是视频模式下的图像采集，车辆进入识别区后，摄像机会自动抓拍识别。西元智能停车场系统实训装置所采用的为视频模式下的图像采集方式。

（2）图像处理：由于图像质量容易受光照、天气等因素的影响，所以在识别车牌之前需要对摄像机和图像做一些预处理，得到车牌最清晰的图像。例如，摄像机的自动曝光处理、自动逆光处理、图像的噪声过滤、图像缩放等。

（3）车牌定位：从整个图像中准确地检测出车牌区域是车牌识别的重要步骤，如果定位失败或不完整，会直接导致识别失败。为提高定位的准确率，车牌识别系统会让用户自己根据现场环境，调整摄像机和软件系统，设置合适的识别区域。

（4）车牌校正：由于受拍摄角度、镜头等因素的影响，图像中的车牌可能会存在倾斜或梯形畸变等变形情况，这时就需要进行车牌校正处理，利于后续的识别处理。目前常用的校正方法有霍夫变换法、旋转投影法、透视变换法等。

（5）字符分割：车牌字符分割是利用车牌文字的灰度、颜色、边缘分布等特征，将单个字符分别提取出来，保证车牌类型的匹配和字符的正确识别。一般常用的算法有连通域分析、投影分析、字符聚类和模板匹配等。

（6）字符识别：对分割后的字符图像进行归一化处理、特征提取，然后与字符数据库模板进行匹配，选取匹配度最高的结果作为识别结果。目前比较流行的字符识别算法有模板匹配法、人工神经网络法、支持向量机法和Adaboost分类法等。

（7）结果输出：将车牌识别结果以文本格式输出，包括车牌号、车牌颜色、时间、地点、图片等。

2.2.2 场区部分

1. 视频车位检测器

视频车位检测器是基于视频识别技术来判断当前车位状态，从而统计出当前车场的停车信息，一般安装在车位的前上方，用于车位引导与反向寻车系统，参见图1-15。视频车检探测器由探测器主体和指示灯组成，探测器主体为摄像头，获取车位图像信息；而集成一体化的指示灯则根据探测器的指令显示出不同的状态颜色。

当车辆停在车位上后，视频车位检测器会对该区域进行拍照，检测器内部含有嵌入式软件，根据拍摄到的图片进行识别、处理，生成一个图片的文件名，包含车牌号、时间、是否有车等信息，同时将该信息通过网络上传至服务器，并控制指示灯做相应的状态显示。检测器内置彩色指示灯，默认显示颜色设置为红色表示已占用车位，设置为绿色表示空车位。

图2-36所示视频车位检测器有四个接口，分别为两个RJ-45接口、一个RS-485接口和一个电源接口。视频车位检测器一般采用手拉手的连线方式，支持网络级联，级联设备最大有效支持12个。图2-37所示为其手拉手接线示意图。

RJ-45接口用于连接下一个视频车位检测器，实现检测器之间的手拉手连接，首端或者末端的RJ-45口连接至网络管理设备即可。

RS-485接口用于连接入口引导屏和室内引导屏，使得引导屏正确显示相关引导信息。

电源接口的供电需求为DC 12 V。

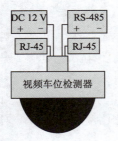
图2-36 接口示意图

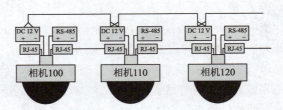
图2-37 手拉手接线示意图

2. 入口信息屏

入口信息屏一般安装在停车场或停车场区域入口处（见图1-16），用于显示整个停车场或者区域的剩余车位信息和数字字符，可单独或联网使用。显示内容可以是整个车库的空余车位余数，也可以是各区的空车位余数。通过管理系统和车位监控相机可以获知空车位的占用情况，并反映在入口信息显示屏上，驾车者根据入口信息屏可以知道空余车位的数量。

图2-38所示的入口信息屏由LED显示屏、控制主板和电源模块组成。LED显示屏以数字字符显示当前剩余车位信息。控制主板完成信息的接收和显示命令，其信息接口一般为RS-485接口，可用于连接视频车位检测器。

3. 室内引导屏

室内引导屏（见图1-17）用于显示当前区域的空余车位数，驾车员根据引导屏可以知道空余车位的数量，以及前往空车位的停车区的行进方向。室内引导屏通过RS-485通信方式与该区域内的视频车位检测器连接通信，实时显示当前区域的空车位数量。

图2-39所示的室内引导屏由LED显示屏、控制主板和电源模块组成。LED显示屏以数字字符显示当前区域剩余车位信息；控制主板完成信息的接收和显示命令，其信息接口为RS-485接口，用于连接该区域内的视频车位检测器。

图2-38 入口信息屏内部结构图

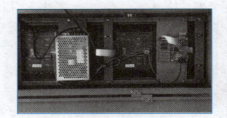
图2-39 室内引导屏内部结构

4. 查询机

查询机（见图1-18）是用于驾驶员快速查找车辆的装置。驾驶员通过安装在停车场内部的终端查询机输入汽车的车牌，查询机接收指令后会调取服务器的数据，并在屏幕上显示驾驶员当前所在的停车场地图。地图上会标明驾驶员所处位置和其车辆所停放的位置，并根据停车场总体路线情况选择一条最佳取车路线，显示在该停车场地图上，从而引导驾驶员快速取车。

查询机上安装有相应的车辆查询软件，可在软件中导入停车场地图，完成相关信息设置即可正常工作。查询机通过网络双绞线与服务器连接，实时更新车辆信息。图2-40所示为其开关接口示意图。

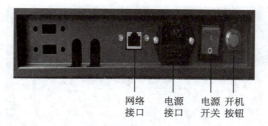

图2-40 开关接口示意图

5. 视频车位引导系统

视频车位引导系统是基于视频识别技术，通过安装在车位上方的视频车位检测器来判断当前车位状态，从而统计出当前车场的空车位数，再通过引导屏的显示以及车位上方的红绿指示灯来引导驾驶员快速停车。主要包括视频车位检测器、室内引导屏、入口信息屏、查询机、交换机和服务器主机等。

视频车位引导系统指的是在车位上方安装视频车位检测器，采用车牌识别技术对车位进行识别探测的系统。可以识别出车位是否有车以及车牌号码，并把数据发送到服务器处理中心，通过服务器处理中心计算车位信息，并将信息反馈到各个车位显示屏。同时视频车位检测器根据自身管理的车位数控制车位上方的车位指示灯显示绿色或红色。服务器保存当前车辆的车牌信息以及停车时间，方便查询机查询车辆信息以及车辆停放位置。图2-41所示为视频车位引导系统原理图。

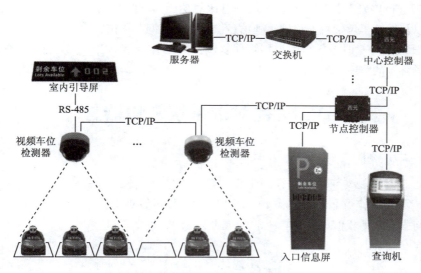

图2-41 视频车位引导系统原理图

2.2.3 中央管理部分

1. 岗亭

岗亭是停车场系统的管理中心室，一般设立在各出入口的安全岛上，方便系统管理。岗亭的面积一般要求在4 m^2以上，内部一般会安装数据交换机、计算机等中心管理设备，同时会配有工作人员在里面办公，主要负责临时车辆的管理和收费，对于一些没有临时车辆的停车场，也可以不设立岗亭。图2-42所示为常见的岗亭；西元智能停车场实训装置的模拟岗亭设备参见图1-20。

43

图2-42 常见的岗亭

2. 数据管理中心

数据管理中心一般包括数据交换机、计算机及停车场管理软件等。

数据交换机用于连接停车场系统各部分的数据采集设备，包括识别摄像机、视频车位检测器、查询机和计算机等，统计停车场的车位信息以及与上层主机或者停车场服务器进行数据交互。

计算机是停车场系统的控制中心，其作用是协调和控制停车场所有设备的协调运行，实时监控、显示停车场设备当前的工作状态，如来车情况、道闸杆上下位置、车位使用情况等信息。计算机安装有停车场管理软件，能实现对系统操作权限、车辆出入信息的管理功能，对车辆的出入行为进行鉴别及核准，并能实现信息比对功能。同时数据处理中心处理识别结果，统计车位数量以及发布车位信息，存储车牌信息供查询机查询车辆位置。

停车场管理软件一般包括车牌识别管理软件、车位引导管理软件、反向寻车管理软件等，实现对停车场系统的智能管理。

2.3 可视对讲系统常用器材

2.3.1 管理中心机

管理中心机是可视对讲系统的控制中心，它采用总线技术进行联网，一般安装在管理中心或值班室内，具有工作可靠、系统稳定、使用方便、显示直观等特点。管理中心机一般为台式结构，外形与固定电话相似。图2-43所示为几款常见的管理中心机。

图2-43 几款常见的管理中心机

1. 主要功能

（1）管理中心机可以呼叫小区的任一住户，并与之进行可视对讲。

（2）管理中心机可以呼叫任一单元门口机或小区门口机，查看门口图像并监听门口声音。

（3）管理中心机能接收单元门口机或小区门口机的呼叫，并开启该门口机的电控门锁。

（4）具有短信发布功能，并支持外接标准键盘编写短信。

（5）管理中心机能查询所有呼入、呼出、报警、短信等记录。

（6）具有免提对讲、重拨等功能。

（7）与室内机、门口机对讲通话音量大小均可独立调整。

2. 接线端口说明

图2-44所示为管理中心机背面的接线端口实物照片。

图2-44 管理中心背面的机接线端口实物照片

图2-45所示为管理中心机端口接线图，图中每个接口的名称和功能如下：

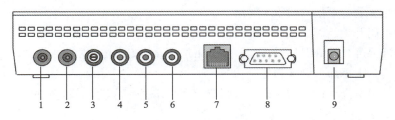

图2-45 管理中心机接口接线图

1为报警指示2接口，报警开关量输出。

2为报警指示1接口，报警电平量输出。

3为数据终端接口，用于外接PS2接口标准键盘等终端设备。

4为外接摄像机接口，用于外接摄像机。

5为外接显示器接口，用于外接显示器。

6为总线视频接口，用于视频信号输入。

7为总线数据接口，插接RJ-45水晶头，用于总线数据信号的输入。

8为RS-232接口，用于连接计算机，实现计算机软件控制。

9为电源输入接口，供电接口。

2.3.2 门口机

门口机又称室外主机，一般安装在住宅楼或小区大门的入口处。根据传输原理分为模拟型和数字型。根据应用场合的不同，可分为别墅式、直按式和编码式三种类型，如图2-46所示。

别墅式门口机，适用于别墅家庭的可视对讲系统，一个门口机对应呼叫一家住户。

直按式门口机，适用于住户较少的独栋型可视对讲系统，每位住户对应门口机上的一个按键，访客只需按下访问户主对应的按键即可完成呼叫。

编码式门口机，适用于住户较多的高层型住宅可视对讲系统，每位住户对应门口机上数字按键的组合编码，如101、1201即可对应一层01户、12层01户。访客需要在门口机键盘上，按下住户对应的数字编码完成呼叫。

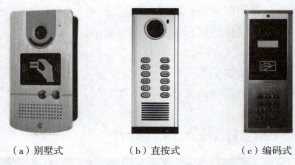

（a）别墅式　　　（b）直按式　　　（c）编码式

图2-46　门口机

下面以西元智能可视对讲实训装置中选取的编码式门口机为例进行详细介绍。

1. 主要功能

（1）可以呼叫本单元楼任一住户，并与之进行可视对讲。
（2）可以呼叫管理中心机，并与之进行可视对讲。
（3）室内无人接听时，访客可以留言。
（4）支持小区公告短信的接收与显示。
（5）支持密码开锁、刷卡开锁。
（6）具有液晶屏自动低温补偿功能，可适用于低温的工作环境中。
（7）支持门禁卡添加、删除和备份功能。
（8）支持铃声选择、铃声和对讲音量调节、修改开锁密码等菜单设置功能。

2. 接线端口说明

图2-47所示为门口机接线端口实物照片。

图2-47　门口机接线端口实物照片

图2-48所示为室外主机端口接线图，图中每个端口的名称和功能如下：
（1）6位排线口：用于系统直流电源输入、电控锁开关量输出、开门按钮接入。
（2）10位排线口：与分控器或适配器相连，用于数据信号的传输。
（3）SD内存卡座：用于插装SD内存卡，可存储数据。

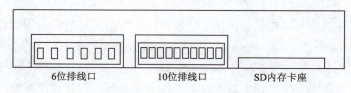

图2-48　室外主机端口接线图

2.3.3　室内机

室内机主要有对讲和可视对讲两大类，随着技术的不断发展、产品的不断丰富，室内机的可视对讲功能已成为其最基本的功能要求，现在许多产品还具备了监控、安防报警、信息接收、留影留言、智能家居等更多的功能。图2-49所示为目前行业中最常用的两种室内机,根据其显示屏的尺寸划分为4英寸型和7英寸型。至于室内机的具体功能,可根据用户需求合理选型配置。

(a)7英寸型室内机　　(b)4英寸型室内机

图2-49　室内机

下面以西元智能可视对讲实训装置中选取的室内机为例进行详细介绍。

1. 主要功能

(1)呼叫管理中心机,并与之进行可视对讲。

(2)与访客进行可视对讲,并能远程开启单元门锁。

(3)主动查看单元门口图像并监听门口声音。

(4)接收小区物业管理中心发布的信息,通过可视分机的显示屏显示。

(5)可连接门磁、烟感探测器、可燃气体探测器等报警设备,并将报警信息和求助信息发送到管理中心。

(6)具有布防和撤防功能,并可调整布防和撤防延时时间。

(7)可实时提取访客留言。

2. 接线端口说明

图2-50所示为室内机接线端口实物照片,图2-51所示为室内机端口接线图。

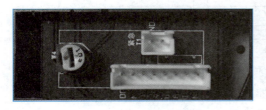 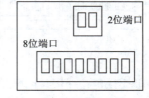

图2-50　室内机接线端口实物照片　　图2-51　室内机端口接线图

(1)2位端口:用于紧急报警按钮、烟感探测器等报警设备的接入。

(2)8位端口:与层间适配器相连,用于音频、视频、电源等数据信号的传输。

2.3.4　单元分控器

单元分控器也称联网器,是单元与单元之间、单元与小区门口机之间、单元与管理中心机之间联网的数据转换设备。数字型单元分控器采用网络交换机,模拟型单元分控器由各厂家自定义接口和通信协议。图2-52所示为西元智能可视对讲系统实训装置中选取的模拟型单元分控器。

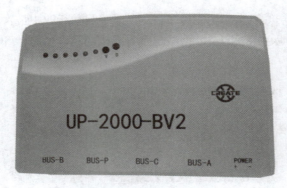

图2-52 模拟型单元分控器

1. 主要功能

（1）可实现单元与管理中心联网或小区门口机联网。

（2）自带数据终端，通过写码控制。

（3）采用光耦合音频变压器实现单元与联网总线完全隔离。

2. 接线端口说明

图2-53所示为单元分控器接线端口实物照片，图2-54所示为单元分控器端口接线图。

图2-53 单元分控器接线端口实物照片

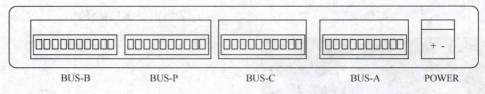

图2-54 单元分控器接口接线图

（1）BUS-B接口：连接其他单元楼的单元分控器。

（2）BUS-P接口：连接小区物业的管理中心机。

（3）BUS-C接口：连接本单元楼大门入口的门口机。

（4）BUS-A接口：连接本单元楼的层间适配器。

（5）POWER接口：连接电源，给分控器供电。

2.3.5 层间适配器

层间适配器也称层间分配器，为单元门口机到住户室内机之间的中间解码转换控制设备，具有数据解码、音视频切换等功能。数字型层间适配器常采用8口或24口的网络交换机，模拟型层间适配器如图2-55所示，常见的为四用户适配器，也有一些厂家提供2路及8路接口的设备。

1. 主要功能

（1）每台适配器可以连接四户室内机。

单元 2　出入口控制系统常用器材与工具

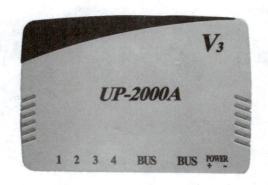

图2-55　层间适配器

（2）支持呼叫住户、呼叫管理中心、监控室外及远程开锁等功能。
（3）为室内机提供电源，保证室内机的供电电源安全可靠。
（4）具有系统解码、线路保护、视频分配、信号隔离等作用。

2. 接线端口说明

图2-56所示为层间适配器接线端口实物照片，图2-57所示为层间适配器端口接线图。

图2-56　层间适配器接线端口实物照片

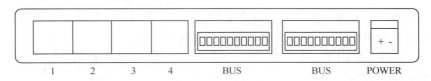

图2-57　层间适配器接口接线图

（1）1接口：插接RJ-45水晶头，连接第1家住户。
（2）2接口：插接RJ-45水晶头，连接第2家住户。
（3）3接口：插接RJ-45水晶头，连接第3家住户。
（4）4接口：插接RJ-45水晶头，连接第4家住户。
（5）BUS接口（左）：接单元分控器或层间适配器。
（6）BUS接口（右）：接单元分控器或层间适配器。
（7）POWER接口：连接电源，给层间适配器供电。

2.3.6　门禁系统

可视对讲系统，即在门禁系统上加入了可视对讲技术的验证环节。而门禁功能一般集成在门口机中，所以在某种角度上说，门禁系统也属于可视对讲系统的一部分。

1. 门锁

门锁作为可视对讲系统的动作执行部件，它的终端其实就是一个可实现信号控制开关的装置。可视对讲系统常用的门锁一般有电控锁、电磁锁和电插锁三种，如图2-58所示。

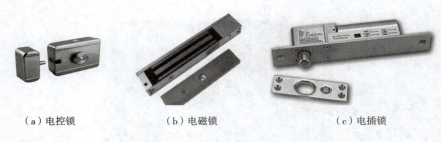

(a) 电控锁　　　　　　(b) 电磁锁　　　　　　(c) 电插锁

图2-58　可视对讲系统常用门锁

2. 门禁功能

当访客到访时，可通过可视对讲功能，实现与住户的可视通话，住户通过室内分机完成对门锁的开启操作。而当住户回来时，即可通过各种门禁功能，完成对门锁的开启操作。常用的门禁功能包括密码识别开锁、卡片识别开锁和生物识别开锁等。

（1）密码识别开锁：在门口机输入键盘上输入指定的数字编码组合，密码正确时，门口机即会产生开锁信号，进而使得门锁自动打开。

（2）卡片识别开锁：在门口机上集成安装了读卡器等卡片识别模块，利用射频识别技术，读取卡片中的信息，完成对合法卡片的验证，并产生开锁信号。目前最常用的卡片有IC卡、ID卡等。

（3）生物识别开锁：在门口机上集成安装生物识别模块，首先录取合法人员人体特定部位的生物特征，通过对比生物特征完成信息验证。生物识别开锁目前比较常用的有指纹识别和人脸识别等。

2.3.7　UPS电源

UPS即不间断电源，是一种含有储能的装置，主要用于给可视对讲系统提供不间断电力供应。当电网电压正常工作时，UPS电源将交流电整流成直流电给可视对讲系统供电，而且同时给储能电池充电；当突发停电时，由UPS电源中的储能电池给负载供应所需电力，以便维持可视对讲系统正常的运作，如图2-59所示。

图 2-59　UPS电源

2.4　常用传输线缆

在出入口控制系统、停车场系统和可视对讲系统中使用的线缆主要有多芯线电缆、同轴电缆、网络双绞线电缆和光纤。各种线缆在信号传输过程中的有效性和可靠性，将直接影响系统的工作性能，因此对这些线缆的充分了解和学习是必不可少的。

1. RVV电缆

RVV电缆表示铜导体聚氯乙烯绝缘护套软电缆，RVV电缆也是由两根以上的聚氯乙烯绝缘电线增加聚氯乙烯护套组成的软电缆，如图2-60所示。

RVV电缆主要应用于电器、仪表和电子设备及自动化装置等电源线、信号控制线。

RVV电缆是弱电系统最常用的电缆，其芯线根数不定，两根或以上，外面有绝缘护套，芯数从2芯到24芯之间按国标分色，两芯以上绞合成缆，外层绞合方向为右向。

RVV电缆的标准截面积有0.50 mm²、0.75 mm²、1.0 mm²、1.5 mm²等。

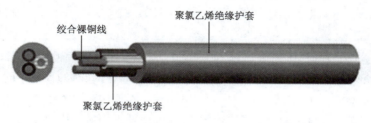

图2-60　RVV电缆

2. 同轴电缆

同轴电缆是指有两个同心导体，而导体和屏蔽层又共用同一轴心的电缆。最常见的同轴电缆由绝缘材料隔离的铜线导体组成，最里层为铜线导体，其外部为环形的绝缘保护层，保护层的外部是另一层网状环形导体，最外层由聚氯乙烯或特氟龙材料的护套包裹，如图2-61所示。

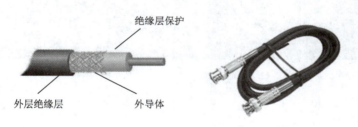

图2-61　同轴电缆

3. 双绞线电缆

两根具有绝缘保护层的铜导线按一定密度互相绞在一起，即形成一对双绞线。如果把一对或多对双绞线放在一个绝缘套管中便成了双绞线电缆，日常生活中一般把"双绞线电缆"直接称为"双绞线"。

在双绞线电缆内，不同线对具有不同的绞绕长度，两根导线绞绕的长度以及紧密程度决定其抗干扰能力，同时不同线对之间又不会产生串绕。为了方便安装与管理，每对双绞线的颜色会有所区别，一般规定四对线的颜色分别为白橙/橙、白绿/绿、白蓝/蓝、白棕/棕。

双绞线电缆的接头标准为TIA/EIA 568A和568B标准（简称T568A、T568B），T568A线序为白绿、绿、白橙、蓝、白蓝、橙、白棕、棕，其接线图如图2-62所示。T568B线序为白橙、橙、白绿、蓝、白蓝、绿、白棕、棕，其接线图如图2-63所示。

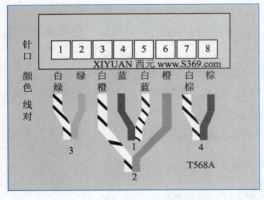
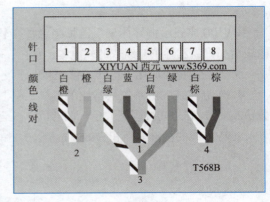

图2-62　T568A接线图　　　　　　图2-63　T568B接线图

两种接头标准的传输性能相同，唯一区别在于1、2和3、6线对的颜色不同。不同国家和行业选用不同的接头标准。在中国一般使用T568B标准，不使用T568A标准。在同一个工程中只能使用一种标准，禁止混用，如果标准不统一，就会出现牛头对马嘴、布线永久链路不通的情况，更严重的是施工过程中一旦出现标准差错，在成捆的线缆中是很难查找和剔除的。

4. 光纤

光纤是一种由玻璃或者塑料制成的通信纤维，其利用"光的全反射"原理，作为一种光传导工具。光纤跳线类型有SC、ST、FC、LC，如图2-64所示。

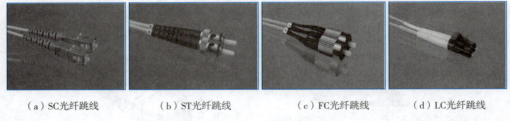

（a）SC光纤跳线　　（b）ST光纤跳线　　（c）FC光纤跳线　　（d）LC光纤跳线

图2-64　光纤跳线

1）光纤分类

单模光纤：主要用来承载具有长波长的激光束，单模只传输一种模式，与多模光纤相比色散要少。由于使用更小的玻璃芯和单模光源，所以其纤芯较细，传输频带宽、容量大，传输距离长，需要高质量的激光源，成本较高。为了与多模光纤相区别，国际电信联盟规定室内单模光缆外护套为黄色。

多模光纤：主要使用短波激光，允许同时传输多个模式，覆盖层的反射限制了玻璃芯中的光，使之不会泄漏。多模光纤的纤芯粗，传输速率低、距离短，激光光源成本较低，国际电信联盟规定室内多模光缆外护套为橙色。

2）光纤通信

光纤通信是以光波作为信息载体，以光纤作为传输媒介的一种通信方式。从原理上看，构成光纤通信的基本物质要素是光纤、光源和光检测器。

光纤通信的原理：在发送端首先要把传送的信息（如视频信号）变成电信号，然后调制到激光器发出的激光束上，使光的强度随电信号的幅度（频率）变化而变化，并通过光纤发送出去；在接收端，检测器收到光信号后把它变换成电信号，经解调后恢复原信息。

单元 2　出入口控制系统常用器材与工具

2.5　常用工具

出入口控制系统、停车场系统和可视对讲系统工程涉及计算机网络技术、通信技术、综合布线技术等多个领域，在实际安装施工和维护中，需要使用大量的专业工具。工具就是生产力，没有专业的工具和正确熟练的使用方法和技巧，就无法保证工程质量和效率。为了提供工作效率和保证工程质量，也为了教学实训方便和快捷，西元公司总结了多年智能化系统工程实战经验，专门设计了智能化系统工程安装和维护专用工具箱。下面以西元智能化系统工具箱为例（见图2-65），介绍出入口控制系统、停车场系统和可视对讲系统工程常用的工具规格和使用方法。

图2-65　西元智能化系统工具箱

西元智能化系统工具箱中配置了出入口控制系统常用的工具，如表2-1所示。

表2-1　西元智能化工具箱

序号	名称	数量	用途
1	数字万用表	1台	用于测量电压、电流、电阻等
2	电烙铁	1把	用于焊接电路板、接头等
3	带焊锡盒的烙铁架	1个	用于存放电烙铁和焊锡
4	焊锡丝	1卷	用于焊接
5	PVC绝缘胶带	1卷	用于电线接头绝缘和绑扎
6	多用剪	1把	用于裁剪
7	RJ-45网络压线钳	1把	用于压接RJ-45网络接头
8	单口打线钳	1把	用于压接网络和通信模块
9	测电笔	1把	用于测量电压等
10	数显测电笔	1把	用于测量电压等
11	镊子	1把	用于夹持小物件
12	旋转剥线器	1把	用于剥除网络线外皮
13	专业级剥线钳	1把	用于剥除电线外皮
14	电工快速冷压钳	3把	用于压接各种电工接线鼻
15	4.5英寸尖嘴钳	1把	用于夹持小物件
16	4.5英寸斜口钳	1把	用于剪断缆线
17	钢丝钳	1把	用于夹持大物件、剪断电线等
18	活扳手	1把	用于固定螺母

续表

序 号	名 称	数量	用 途
19	钢卷尺	1把	用于测量长度
20	十字螺丝刀	1把	用于安装十字头螺钉
21	一字螺丝刀	1把	用于安装一字头螺钉
22	十字微型电信螺丝刀	1把	用于安装微型十字头螺钉
23	一字微型电信螺丝刀	1把	用于安装微型一字头螺钉

2.5.1 万用表

万用表是一种多功能、多量程的便携式仪表，是智能化工程布线和安装维护不可缺少的检测仪表。万用表一般用于测量电子元器件或电路内的电压、电阻、电流等数据，方便对电子元器件和电路的分析诊断。最常见的万用表主要有模拟万用表和数字万用表，如图2-66、图2-67所示。

现在人们大多数使用的都是数字万用表，数字万用表不仅可以测量直流电压、交流电压、直流电流、交流电流、电阻、二极管正向压降、晶体管发射极电流放大系数，还能测电容、电导、温度、频率，并增加了用以检查线路通断的蜂鸣器挡、低功率法测电阻挡。有的仪表还具有电感挡、信号挡、AC/DC自动转换功能，电容挡自动转换量程功能。新型数字万用表大多还增加了一些新颖实用的测试功能，如读数保持、逻辑测试、真有效值、相对值测量、自动关机等，如图2-68所示。

图2-66 模拟万用表

图2-67 数字万用表

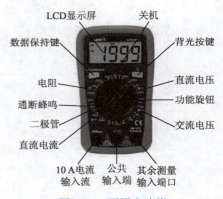

图2-68 万用表功能

在使用万用表时，根据测量对象不同，合理地选择对应的表笔插孔，如图2-69所示。

数字万用表的简要使用方法如下：

（1）交直流电压的测量：根据需要将量程开关拨至DCV（直流）或ACV（交流）的合适量程，红表笔插入V/Ω孔，黑表笔插入COM孔，并将表笔与被测线路并联，读数即显示，如图2-70所示。

图2-69 表笔插接

图2-70 选择挡位、测量电压

（2）交直流电流的测量：将量程开关拨至DCA（直流）或ACA（交流）的合适量程，红表笔插入mA孔（<200 mA时）或10 A孔（>200 mA时），黑表笔插入COM孔，并将万用表串联在被测电路中即可。测量直流量时，数字万用表能自动显示极性。

（3）电阻的测量：将量程开关拨至Ω的合适量程，红表笔插入V/Ω孔，黑表笔插入COM孔。如果被测电阻值超出所选择量程的最大值，万用表将显示"1"，这时应选择更高的量程。测量电阻时，红表笔为正极，黑表笔为负极，这与模拟万用表正好相反。因此，测量晶体管、电解电容器等有极性的元器件时，必须注意表笔的极性。

2.5.2 电烙铁、烙铁架和焊锡丝

电烙铁用于焊接和接线，因为其工作时温度较高容易烧坏所接触到的物体，所以一般使用中应放置在烙铁架上，而焊锡丝是电子焊接作业中的主要消耗材料，如图2-71所示。电子焊接的原理就是用电烙铁熔化焊锡，使其与导线充分结合以达到可靠的电气连接的目的。

电烙铁在使用中一定要严格遵守使用方法。首先将烙铁放置在烙铁架上，接通电源等待10~20 min使烙铁充分加热。烙铁头温度足够时，取一节焊锡与其接触，使烙铁头表面均匀地镀一层焊锡。人们使用的一般是有松香芯的焊锡丝，这种焊锡丝熔点较低，而且内含松香助焊剂，可不用助焊剂直接进行焊接。焊接时应固定导线，右手持电烙铁左手持焊锡丝，将烙铁头紧贴在焊点处，电烙铁与水平面大约成60°角，用焊锡丝接触焊点并适当使其熔化一些，烙铁头在焊点处停留2~3 s，移开烙铁头，并保证导线不动，如图2-72所示。

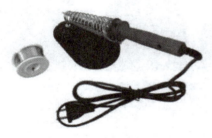

图2-71 电烙铁、烙铁架和焊锡丝

图2-72 使用电烙铁焊接接线排导线

注意：电烙铁在通电使用时烙铁头的温度可达300 ℃，应小心使用以免人员烫伤或烧毁其他物品，焊接完成应将烙铁放置于烙铁架上，不能随便乱放。每次使用前应检查烙铁头是否氧化，若氧化严重，可用小锉或砂纸打磨烙铁头，使其露出金属光泽后重新镀锡。烙铁使用完毕后应及时拔掉电源，等待充分冷却后放回工具箱，不能在烙铁高温时将其放回。

2.5.3 多用途剪、网络压线钳

多用途剪用于裁剪相对柔性的物件，如线缆护套或热缩套管等，不可用多用途剪裁剪过硬的物体或缆线等，如图2-73所示。

网络压线钳主要用于压制水晶头，可压制RJ-45和RJ-11两种水晶头。另外，网络压线钳还可以用来剪线、剥线，如图2-74所示。

2.5.4 旋转剥线器、专业级剥线钳

旋转剥线器用于剥开线缆外皮，安装有能够调节刀片高度的螺钉，用内六方工具旋转螺钉，调节刀片高度，适用于不同直径的线缆外护套，既能划开外护套，又不能损伤内部线缆，

如图2-75所示。

专业剥线钳用于剥开细电线的绝缘层，剥线钳有不同大小的豁口以方便剥开不同直径的线缆，如图2-76所示。

图2-73　多用途剪　　　图2-74　网络压线钳　　　图2-75　旋转剥线器　　　图2-76　专业剥线钳

2.5.5　电工快速冷压钳

电工快速冷压钳有很多种，分别适用于不同冷压端子的压制。这里，选取三种常用的冷压钳，如图2-77和图2-78所示。

（1）C型冷压钳：主要用于压接冷压型BNC接头。

（2）N型冷压钳：主要用于压接非绝缘冷压端头。

（3）W型冷压钳：主要用于压接绝缘冷压端头。

图2-77　电工快速冷压钳　　　　图2-78　从左到右分别为C型、N型和W型冷压钳压口

2.5.6　尖嘴钳和斜口钳

4.5英寸尖嘴钳用于夹持或固定小物品，也可以裁剪铁丝或一般的电线等。4.5英寸斜口钳主要用于剪切导线、元器件多余的引线，还常用来代替一般剪刀剪切绝缘套管、尼龙扎线卡等，如图2-79所示。

2.5.7　螺丝刀

螺丝刀是紧固或拆卸螺钉的工具，是电工必备的工具之一，有一字头和十字头两种，分别用于拆装一字头螺钉和十字头螺钉，如图2-80所示。

图2-79　尖嘴钳(左)、斜口钳(右)　　　　图2-80　螺丝刀

典型案例4　常见的卡凭证

出入口控制系统的凭证是指能够被识别、具有出入权限、能够对出入口控制系统进行操作的信息及其载体。凭证所表征的信息具有表明目标身份、通行权限、对系统的操作权限等单项或多项功能，通常包括卡凭证、生物特征凭证等。在各类凭证中，卡凭证最为常见，应用范围最广，它的发展可以概括为三个阶段：磁卡、接触式IC卡、RFID射频卡。

1. 磁卡

磁卡是一种卡片状的磁性信息载体，内部包含有三条磁道，其中第一、二条为只读磁道，第三条为读写磁道，用来记录信息、标识身份或其他用途。磁卡的优点是防潮、耐磨且有一定的柔韧性，携带方便且使用较为稳定可靠，信息读写相对简单容易，成本较低；缺点是存储容量低、安全性低。目前常见的磁卡有图书卡、就诊卡、门票卡、会员卡以及各种娱乐卡等。图2-81所示为磁卡的磁道位置示意图，图2-82所示为常见的磁卡。

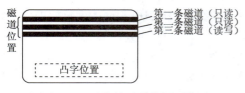

图2-81　磁卡的磁道位置示意图

图2-82　常见的磁卡

2. 接触式IC卡

IC卡是集成电路卡（Integrated Circuit Card）的简称，是由镶嵌集成电路芯片的塑料卡片封装而成。接触式IC卡是通过读写设备的触点与IC卡的触点接触后进行数据读写的，其优点是存储容量大、安全性高、设备造价便宜；缺点是刷卡速度慢、频繁插拔容易损坏卡片和读卡器。常见的接触式IC卡有酒店的房卡、早期的公用电话IC卡、手机的SIM卡、银行推广的大多数金融IC卡等。图2-83所示为接触式IC卡的基本结构图，图2-84所示为常见的接触式IC卡。

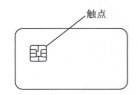

图2-83　接触式IC卡基本结构

图2-84　常见的接触式IC卡

3. RFID射频卡

RFID射频卡是指采用了射频识别技术的非接触式电子卡片/标签，主要由集成电路芯片和天线组成，集成电路用来存储目标信息，天线通过射频识别技术完成读卡器和卡片之间的信息传输，卡片尺寸和封装材质因使用场合的不同而不同。常见的RFID卡有ID卡、非接触式IC卡、CPU卡、超高频射频卡、有源卡等，它们的主要区别在于芯片功能和工作频段不同。

（1）ID卡：全称为身份识别卡（Identification Card），是一种不可写入的感应卡，它与磁卡一样，仅仅使用了"卡的号码"，卡内除了固定的编号外，无任何保密功能，其"卡号"是公开、裸露的，因此ID卡也称为"感应式磁卡"，工作频段通常为125 kHz。

ID卡的出现基本淘汰了早期的磁卡或接触式IC卡，是早期的非接触式电子标签，它的优点是使用时不需要机械接触且寿命长，一般将它作为门禁或停车场系统使用者的身份识别；缺点是不可写入用户数据，并且没有密钥安全认证机制，消费数据和金额只能全部存在计算机的数据库内，因而容易因计算机故障而丢失信息，安全性不够高。

图2-85所示为ID卡的内部结构图，图2-86所示为常见的不同外形的ID卡。

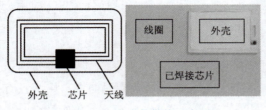

图2-85　ID卡内部结构示意图　　　　　图2-86　常见的ID卡

（2）非接触式IC卡：与ID卡的内部结构相似，外形基本相同，从表面难以区分，但二者最大的区别是非接触式IC卡能够通过射频技术来完成数据的读写操作。采用读写器和IC卡双向验证机制，通信过程中所有数据都加密，安全性高，工作频段为13.56 MHz，而ID卡只能进行读取数据，不可写入数据。

（3）CPU卡：可以说是非接触式IC卡的升级版，卡内的集成电路中包括中央处理器（CPU）、只读存储器（ROM）、随机存储器（RAM）、电可擦除可编程只读存储器（EEPROM）以及片内操作系统（COS）等主要部分，相当于一台超小型计算机，是一种真正意义上的智能卡片。

CPU卡的先进性体现在：存储空间大，安全性极高，可以杜绝伪造卡、伪造终端、伪造交易等现象，最终保证系统的安全性，因此它是未来卡片发展的趋势，适用于电子钱包、公路自动收费系统、社会保障系统、IC卡加油系统、安全门禁等众多的应用领域，可根据需求定制成不同外形，如图2-87所示。

图2-87　CPU卡

（4）超高频射频卡：RFID的超高频段是指860～960 MHz之间的频段，超高频射频卡是指工作在这个频段范围内的电子卡片，由于使用场合的不同，外形也不尽相同。这类卡片具有工作距离较远、作用范围广、数据传输速率快、数据保存时间长、安全保密性强、灵活性强等优点，近年来越来越受到重视，主要应用于物品的供销管理、物流、仓储管理、图书馆出租服务、航空行李箱标签、集装箱识别等系统。图2-88所示为不同形式的超高频射频标签。

（a）超高频射频电子标签　　　（b）超高频一卡通射频卡　　　（c）超高频RFID动物标签

图2-88　不同形式的超高频射频标签

（5）有源卡：卡内装有电池为其供电，采用射频读卡模式，卡片主动向读写器发送数据，读写器能远距离识别卡片信息，工作频率通常为2.4 GHz或3.8 GHz。它的优点是自身带有电池供电，标签可以自我激活，且读写距离较远；缺点是卡片的尺寸较大、较厚，成本比较高，且使用寿命受到电池的影响，随着电池电力的消耗，数据传输的距离会越来越短，需要定期更换电池。有源卡免去了近距离排队刷卡的时间，目前多用于停车场系统、智能家居等领域。图2-89所示为常见的有源卡。

图2-89 常见的有源卡

典型案例5　常见的生物特征识别

随着信息技术和网络技术的高速发展，信息安全越来越重要，生物识别技术以其特有的稳定性、唯一性和方便性，得到越来越广泛的应用。生物识别技术是指利用人体固有的生理特性，将计算机与光学、声学、生物传感器和生物统计学原理等高科技手段密切结合，进行个人身份的鉴定。常见的生物特征识别技术有指纹识别、人脸识别、静脉识别、掌纹识别、虹膜识别、声纹识别等。本书正文中已经对指纹识别、人脸识别进行了介绍，这里不再阐述。

1. 静脉识别系统

1）系统概述

静脉识别是一种新兴的红外识别技术，它是根据人体静脉血液中脱氧血色素吸收近红外线或人体辐射远红外线的特性，用相应波长范围的红外相机摄取指背、指腹、手掌、手腕的静脉分布图，然后提取其特征进行身份认证。由于每个人的静脉分布唯一且成年后持久不变，所以可以唯一确定一个人的身份。

2）工作原理

静脉识别一般包括两种方式：第一种是通过静脉识别仪来提取个人静脉分布图；第二种是通过红外摄像头提取手指、手掌、手背等静脉图像，将提取的图像保存在计算机系统中，实现特征值存储，如图2-90和图2-91所示。

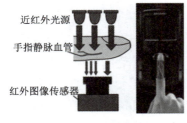

图2-90 手指静脉

图2-91 手掌静脉

3)系统特点

该系统近年来开始在银行金融、教育社保、军工科研等领域试用,效果良好,具有活体识别、内部特征认证、安全等级高等特点。

(1)活体识别:只有活体手指才能采集到静脉图像特征,可作为该系统中的身份凭证;非活体手指是采集不到静脉图像特征的,因而无法识别,也就无法造假。

(2)内部特征认证:用手指静脉进行身份认证,获取的是手指内部静脉图像特征,跟手指外表没有任何关系。因此,不存在由于手指表面的损伤、干燥、湿润等带来的识别障碍。

(3)安全等级高:静脉识别技术的原理和特点,确保了使用者的静脉特征很难被伪造,所以静脉识别系统安全等级高,特别适合用于监狱、银行、办公室等重要场所。

2. 掌纹识别系统

1)系统概述

掌纹识别是指利用手指末端到手腕部分的手掌图像中的特征进行身份识别,如主线、皱纹、细小的纹理、脊末梢、分叉点等,如图2-92所示。掌纹中所包含的信息比一枚指纹包含的信息更加丰富,利用这些特征完全可以确定一个人的身份。因此,从理论上讲,掌纹具有比指纹更好的分辨能力和更高的鉴别能力。

2)工作原理

掌纹识别工作过程由两部分构成,分别是训练样本录入阶段和测试样本分类阶段。训练样本录入阶段是对采集的掌纹训练样本进行预处理,然后进行特征提取,把提取的掌纹特征存入特征数据库中,等待与被分类样本进行匹配。测试样本分类阶段是对获取的测试样本经过与训练样本相同的预处理、特征提取步骤后,送入分类器进行分类匹配,确定其身份。图2-93所示为掌纹识别系统工作原理示意图。

图2-92 掌纹识别

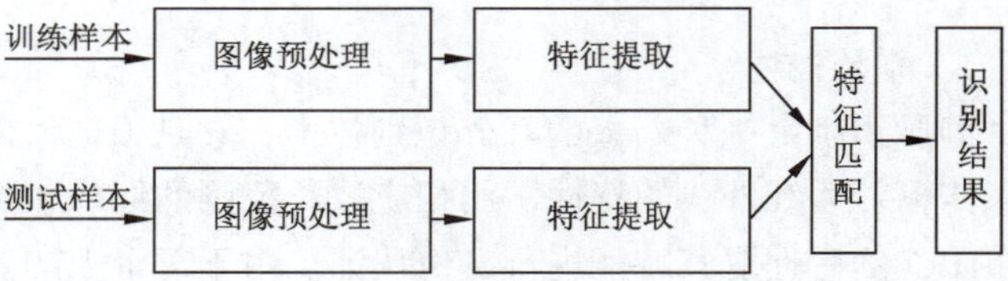

图2-93 掌纹识别系统工作原理图

3)系统特点

掌纹识别技术具有采样简单、图像信息丰富、用户接受程度高、不易伪造、受噪声干扰小等特点,受到国内外研究人员的广泛关注,但是由于掌纹识别的技术起步较晚,目前尚处于学习和借鉴其他生物特征识别的技术阶段。

3. 虹膜识别系统

1)系统概述

虹膜识别技术是基于眼睛中的虹膜进行身份识别,应用于安防设备(如门禁等)以及有高度保密需求的场所。虹膜是人的眼睛中位于黑色瞳孔和白色巩膜之间的圆环状部分,其中包含有很多相互交错的斑点、细丝、冠状、条纹、隐窝等细节特征;胎儿发育阶段形成虹膜后,整个生命历程中将保持不变。这些特征决定了虹膜的唯一性,从而决定了身份识别的唯一性。因此,可以将眼睛的虹膜特征作为每个人的身份识别对象,如图2-94所示。

图2-94 虹膜识别

2）工作原理

虹膜识别过程通常包括四个步骤：虹膜图像获取、图像预处理、特征提取、特征匹配，如图2-95所示。

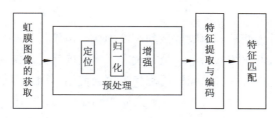

图2-95 虹膜工作原理图

（1）虹膜图像获取：使用特定的摄像器材对人的整个眼部进行拍摄，并将拍摄到的图像传输给虹膜识别系统的图像预处理软件。

（2）图像预处理：对获取到的虹膜图像进行如下处理，使其满足提取虹膜特征的需求。

① 虹膜定位：确定内圆、外圆和二次曲线在图像中的位置。其中，内圆为虹膜与瞳孔的边界，外圆为虹膜与巩膜的边界，二次曲线为虹膜与上下眼皮的边界。

② 虹膜图像归一化：将图像中的虹膜大小，调整到识别系统设置的固定尺寸。

③ 图像增强：针对归一化后的图像，进行亮度、对比度和平滑度等处理，提高图像中虹膜信息的识别率。

（3）特征提取：采用特定的算法从虹膜图像中提取出虹膜识别所需的特征点，并对其进行编码。

（4）特征匹配：将特征提取得到的特征编码与数据库中的虹膜图像特征编码逐一匹配，判断是否为相同虹膜，从而达到身份识别的目的。

3）系统特点

虹膜识别系统具有快捷方便、无法复制、不需要物理接触、可靠性高等特点，投入少、免维护，配置灵活多样，便于用户使用，具有其他许多生物识别技术不可比拟的优点。目前的虹膜识别技术还不是很成熟，识别系统的应用也不够广泛，但随着技术的不断成熟、性能的不断完善、价格的不断降低，虹膜识别系统必将广泛地应用于金融、公安、医疗、人事管理、智能化门禁系统、通道控制等诸多领域。

4．声纹识别系统

1）系统概述

声纹识别是将声信号转换成电信号，再用计算机进行识别的技术。人类语言的产生是人体语言中枢与发音器官之间一个复杂的生理和物理过程，每个人在讲话时使用的发声器官（如舌、牙齿、喉头、肺、鼻腔等）的尺寸和形态方面差异很大，所以任何两个人的声纹图谱都有差异。尽管由于生理、病理、心理、模拟、伪装、环境干扰等因素，声音会产生变异，但在一般情况下，人们仍能区别不同的人的声音或判断是否是同一人的声音。因此，可以将声纹作为每个人的身份识别凭证，如图2-96所示。

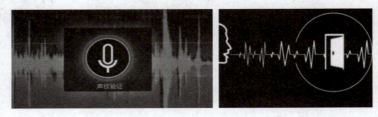

图2-96　声纹识别

2）工作原理

声纹识别系统主要分为两种：声纹辨认和声纹确认。声纹辨认是将输入的未标记的语音样本确定为一组已知的说话人中的某一个，是一对多；声纹确认是确定输入的测试语音中是否存在某个语音的说话人，是一对一。不同的任务和应用会使用不同的声纹识别技术，如缩小刑侦范围时可能需要辨认技术，银行交易、医疗、交通等则需要确认技术。图2-97所示为声纹识别系统示意图。

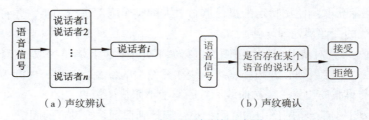

图2-97　声纹识别系统示意图

声纹识别系统的工作过程一般可以分为两个过程：训练过程和识别过程。训练过程是系统对提取出来的说话人语音特征进行学习训练，建立声纹模板或语音模型库，或者对系统中已有的声纹模板或语音模型库进行适应性修改；识别过程是系统根据已有的声纹模板或语音模型库对输入语音的特征参数进行模式匹配计算，从而实现识别判断，得出识别结果。图2-98所示为声纹识别的基本流程。

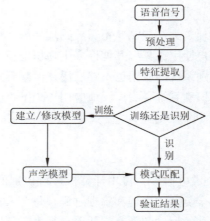

图2-98　声纹识别的基本流程

3）系统特点

与其他生物特征识别相比，声纹识别有一些特殊的优势，如获取语音方便、识别成本低廉、使用简单、适合远程身份确认、算法复杂度低等，因此声纹识别越来越受到系统开发者和用户的青睐，应用在信息安全、公安司法、银行交易、安保门禁、军事国防等方面。

习　题

1. 填空题（10题，每题2分，合计20分）

（1）射频识别控制器是一种_____，集成了半导体技术、_____、高效解码算法等多种技术。（参考2.1.1知识点）

（2）指纹识别控制器主要由_____和指纹仪转接板组成。（参考2.1.1知识点）

（3）根据其应用技术原理的不同，指纹采集器可分为_____、电容式、_____和超声波式指纹采集器。（参考2.1.2知识点）

（4）出入口控制系统管理软件一般包括数据库软件、_____、信息同步软件和_____等，实现对出入口控制系统的智能管理。（参考2.1.2知识点）

（5）_____与车辆检测器一般都是配合成套使用，是一种基于电磁感应原理的检测装置。（参考2.2.1知识点）

（6）车牌识别一体机主要包括_____和信息显示等部分。（参考2.2.1知识点）

（7）停车场管理软件一般包括_____、车位引导管理软件、反向寻车管理软件等，实现对停车场系统的智能管理。（参考2.2.3知识点）

（8）门口机一般安装在住宅楼或小区大门的入口处，根据传输原理分为_____型和_____型。（参考2.3.2知识点）

（9）可视对讲系统常用的门锁一般有电控锁、_____和_____三种。（参考2.3.6知识点）

（10）当电网电压正常工作时，UPS电源将交流电整流成_____给可视对讲系统供电，而且同时给储能电池_____。（参考2.3.7知识点）

2. 选择题（10题，每题3分，合计30分）

（1）射频识别控制器主要由读头和（　　）组成。（参考2.1.1知识点）

　　A．存储器　　　B．控制器　　　C．控制板　　　D．调制器

（2）指纹识别控制器的功能包括（　　）。（参考2.1.1知识点）

　　A．指纹采集　　B．指纹存储　　C．指纹比对　　D．结果输出

（3）人脸识别机的功能包括（　　）。（参考2.1.1知识点）

　　A．人脸检测　　B．人脸采集　　C．人脸生成　　D．人脸验证

（4）一体化道闸副电路板的功能设置、工作电源由一体化道闸主电路板通过（　　）实现。（参考2.1.2知识点）

　　A．同轴电缆　　B．网络双绞线　　C．光纤　　　　D．同步线

（5）下列（　　）属于道闸的结构组成。（参考2.2.1知识点）

　　A．闸杆　　　　B．电动机　　　C．车辆检测器　　D．道闸控制电路板

（6）以下属于地感线圈和车辆检测器功能的是（　　）。（参考2.2.1知识点）

  A．授权车辆 B．识别车辆信息 C．车辆防砸 D．车过落闸

（7）岗亭是停车场系统的管理中心室，岗亭的面积大小一般要求在（ ）m² 以上。（参考2.2.3知识点）

  A．3 B．4 C．5 D．6

（8）门口机根据应用场合的不同，可分为（ ）三种类型。（参考2.3.2知识点）

  A．别墅式 B．小区式 C．直按式 D．编码式

（9）给下列图片选择正确的名称。（参考2.3.6知识点）

  （ ） （ ） （ ）

  A．电控锁 B．电磁锁 C．普通锁 D．电插锁

（10）光纤跳线类型有（ ）。（参考2.4知识点）

  A．SC B．ST C．FC D．LC

3. 简答题（5题，每题10分，合计50分）

（1）简述指纹识别的主要过程。（参考2.1.1知识点）

（2）简述人脸识别技术的主要过程。（参考2.1.1知识点）

（3）停车场系统常用的设备有哪些？（参考2.2知识点）

（4）车牌识别主要包括哪些工作过程，绘制其工作过程示意图。（参考2.2.1知识点）

（5）可视对讲系统的常用器材有哪些？（参考2.3知识点）

笔记栏

实训项目4　网络双绞线电缆链路端接实训

1. 实训任务来源
笔记本计算机、PC、打印机、网络摄像机等终端设备与信息插座的网络连接需求及工作区信息插座模块（TO）安装和运维需求。

2. 实训任务
（1）每人独立完成四根5e类网络跳线制作，共计端接RJ-45水晶头八个。要求T568B线序，长度300 mm/根，长度误差±5 mm。

（2）每人独立完成三根5e类网络跳线制作，共计端接5e类网络模块六个。要求T568B线序，长度300 mm/根，长度误差±5 mm。

（3）将上述七根网络跳线依次连接，并测试通断。

3. 技术知识点
（1）熟悉GB 50311—2016《综合布线系统工程设计规范》国家标准第6.1.3条，对绞电缆连接器件电气特性。

① 应具有唯一的标记或颜色。

② 连接器件应支持0.4～0.8 mm线径的连接。

③ 连接器件的插拔率不应小于500次。

（2）熟悉T568A/T568B线序知识。

① T568A线序：白绿、绿、白橙、蓝、白蓝、橙、白棕、棕。

② T568B线序：白橙、橙、白绿、蓝、白蓝、绿、白棕、棕。

（3）掌握工作区信息插座模块（TO）的基本概念。

（4）掌握网络模块的机械结构与电气工作原理。

（5）掌握网络模块的色谱标识。

4. 关键技能
（1）掌握双绞线电缆的剥线方法，包括拆开扭绞长度、整理线序。

（2）线芯插入RJ-45水晶头内长度不大于13 mm，前端10 mm不能有缠绕。

（3）线芯插到前端，三角块压住护套2 mm。

（4）RJ-45网络模块，应按照模块色谱标识进行端接,剪断多余线端，小于1 mm。

（5）掌握网络压线钳的正确使用方法。

（6）掌握免打网络模块的端接方法。

网络跳线与网络模块制作训练

5. 实训课时
（1）该实训共计2课时完成，其中技术讲解10分钟，视频演示25分钟，学员实际操作35分钟，跳线测试与评判10分钟，实训总结、整理清洁现场10分钟。

（2）课后作业2课时，独立完成实训报告，提交合格实训报告。

6. 实训指导视频
（1）ACS-实训21-网络跳线与网络模块制作训练

（2）ACS-实训22-电缆展示柜介绍

（3）ACS-实训23-工具展示柜介绍

电缆展示柜介绍

7. 实训设备

西元智能可视对讲系统实训装置，产品型号KYZNH-04-2。

本实训装置专门为满足可视对讲系统的工程设计、安装调试等技能培训需求开发，配置有网络线制作与测量实验装置，仿真典型工作任务，能够通过指示灯闪烁直观和持续显示链路通断等故障，包括跨接、反接、短路、开路等各种常见故障。

工具展示柜介绍

图2-99所示为西元网络线制作与测量实验装置。本装置特别适合网络跳线技术认知、演示和基本技能实训，实训装置工作电压为≤12V直流安全电压。

图2-100所示为西元铜缆展示柜，产品型号KYSYZ-01-12-1。

西元铜缆展示柜以王公儒教授级高级工程师主编的《综合布线工程实用技术》（第3版）教材为理

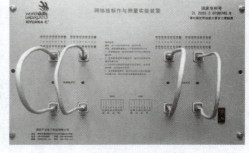

图2-99 网络线制作与测量实验装置

论依据，精选典型器材进行实物展示，全面地展示了综合布线工程常用的各种缆线、模块、水晶头和配线架等器材，方便学习和快速记忆。展示柜共划分为四个区域，左上方位置为A区，展品为电缆类传输介质，共计17种；左下方位置为B区，展品为综合布线工程常用的信息面板和底盒，共计9种；右上方位置为C区，展品为跳线架和配线架，共计5种；右下方位置为D区，展品为综合布线常用的模块和水晶头，共计21种。

图2-101所示为西元工具展示柜，产品型号KYSYZ-01-12-4。

西元工具展示柜以王公儒教授主编的《综合布线工程实用技术》（第3版）教材为理论依据，精选典型工具进行实物展示，全面展示了综合布线工程常用的工具，方便学习和快速记忆。展示柜共划分为三个区域，正上方位置为A区，展品为钳类工具，共计6种；正中间位置为B区，展品为综合布线通用类工具，共计10种；正下方位置为C区，展品为综合布线通用类工具，共计14种。

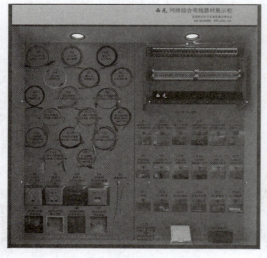

图2-100 西元铜缆展示柜

图2-101 西元工具展示柜

8. 实训材料

序	名　　称	规　格　说　明	数　　量	器材照片
1	西元XY786电缆端接材料包	（1）5e类网线7根； （2）RJ-45水晶头8个； （3）RJ-45模块6个； （4）使用说明书1份	1盒/人	

9. 实训工具

序	名　　称	规　格　说　明	数　　量	工具照片
1.	旋转剥线器	旋转式双刀同轴剥线器，用于剥除外护套	1个	
2.	网络压线钳	支持RJ-45与RJ-11水晶头压接	1把	
3.	水口钳	6英寸水口钳，用于剪齐线端	1把	
4.	钢卷尺	2 m钢卷尺，用于测量跳线长度	1个	

10. 实训步骤

1）预习和播放视频

课前应预习，初学者提前预习，请扫描二维码认真观看实操视频，熟悉主要关键技能和评判标准，熟悉线序。

2）器材工具准备

建议在播放视频期间，教师准备和分发器材工具。

（1）发放西元电缆链路速度竞赛XY786材料包，每个学员1包。

（2）学员检查材料包规格数量合格。

（3）发放工具。

（4）每个学员将工具、材料摆放整齐，开始端接训练。

（5）本实训要求学员独立完成，优先保证质量，掌握方法。

3）实训步骤和方法

（1）水晶头端接步骤和方法：

① 剥除护套，剪掉撕拉线。用剥线器旋转划开护套的60%～90%，注意不要划透护套，避免损伤双绞线，剥除护套长度宜为20 mm；用水口钳剪掉外露的撕拉线。

② 拆开四对双绞线，按T568B线序捋直。把四对双绞线拆成十字形，绿线对准自己，蓝线朝外，棕线在左，橙线在右，按照蓝、橙、绿、棕逆时针方向顺序排列；将8芯线按T568B线序捋直排好。T568B线序为白橙、橙、白绿、蓝、白蓝、绿、白棕、棕。

③ 剪齐线端，留13 mm。用水口钳剪齐线端，保留长度13 mm，注意前端至少10 mm导线之间不应有缠绕。

④ 将刀口向上，网线插到底。RJ-45水晶头刀口向上，将处理好的线端插入水晶头，仔细检查线序，保证线序正确，注意线端一定要插到底。

⑤ 放入压线钳，用力压紧。将网线和水晶头放入压线钳，一次用力压紧。

⑥ 保证线序正确，检查压住护套。再次检查确认线序正确，注意水晶头的三角压块翻转后必须压紧护套。

图2-102所示为水晶头端接步骤和方法示意图。

①剥除外护套，剪掉撕拉线　②拆开四个线对，按T568B捋直　③剪齐线端，留13 mm　④将刀口向上，网线插到底　⑤放入压线钳，用力压紧　⑥保证线序正确，检查压住护套

图2-102　水晶头端接步骤和方法示意图

（2）网络模块端接步骤和方法：

① 剥除护套，剪掉撕拉线。用剥线器旋转划开护套的60%～90%，注意不要划透护套，避免损伤双绞线，剥除护套长度宜为30 mm；用水口钳剪掉外露的撕拉线。

② 按T568B线序排列线对。根据网络模块上的T568B线序色谱位置，将4对双绞线排列在对应位置。

③ 将线对按色谱标记压入刀口。将4对双绞线依次分开，按网络模块上的色谱位置依次压入对应的刀口。

④ 将压盖对准，用力压到底。将网络模块的压盖对准压槽，用力压接到底，确保刀口划破每根线缆护套，与线芯可靠接触。

⑤ 用水口钳剪掉线端，小于1 mm。用水口钳依次剪掉多余的线端，使每个线端的外露长度小于1 mm。

⑥ 线序正确，压盖牢固。保证线序正确，检查压盖牢固压紧。

图2-103所示为网络模块端接步骤和方法示意图。

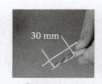

①剥除外护套，剪掉撕拉线　②按T568B位置，排列线对　③将线对按色谱标记压入刀口　④将压盖对准，用力压到底　⑤用斜口钳剪掉线端，小于1 mm　⑥线序正确，压盖牢固

图2-103　网络模块端接步骤和方法示意图

11. 评判标准和评分表

（1）每根跳线100分，七根跳线700分。测试不合格，直接给0分，操作工艺不再评价。

（2）操作工艺评价详见表2-2。

表2-2　XY786速度竞赛评分表

评判项目 姓名/链路编号	链路测试 合格100分 不合格0分	操作工艺评价（每处扣5分）						评判结果	排名
		未剪掉撕拉线	剥线太长	压接偏心	压接不到位	拆开双绞对过长	链路长度不正确		

12. 实训报告

按照单元1表1-1所示的实训报告要求和模板，独立完成实训报告，2课时。

单元 3

出入口控制系统工程常用标准简介

图样是工程师的语言,标准是工程图纸的语法,本单元的任务就是学习和掌握有关出入口控制系统、停车场系统和可视对讲系统工程常用国家标准和行业标准的知识。

学习目标:

- 了解 GB 50314—2015《智能建筑设计标准》、GB 50606—2010《智能建筑工程施工规范》、GB 50339—2013《智能建筑工程质量验收规范》三个标准中有关出入口控制系统工程的内容。
- 掌握 GB 50396—2007《出入口控制系统工程设计规范》、GA/T 761—2008《停车库(场)安全管理系统技术要求》、GB/T 31070.1—2014《楼寓对讲系统 第1部分:通用技术要求》的主要内容。
- 熟悉 GB 50348—2018《安全防范工程技术标准》、GA/T 74—2017《安全防范系统通用图形符号》标准中有关出入口控制系统、停车场系统和可视对讲系统的内容。

3.1 标准的重要性和类别

3.1.1 标准的重要性

GB/T 20000.1—2014《标准化工作指南第1部分:标准化和相关活动的通用术语》国家标准中,对于标准的定义为"通过标准化活动,按照规定的程序经协商一致制定,为各种活动或其结果提供规则、指南或特性,供共同使用和重复使用的文件"。

出入口控制系统、停车场系统和可视对讲系统是智能建筑重要的安全技术防范设施,一般设计安装在建筑物/建筑群的各个出入口部位,对出入目标实行管制,其功能直接影响着智能建筑的使用,也直接关系到智能建筑在使用过程中的舒适性和人性化程度。在实际工程设计安装中,必须依据相关标准,结合用户要求和现场实际情况进行个性化设计。作者多年的实践工作经验认为,"图样是工程师的语言,标准是工程图纸的语法",离开标准无法设计和施工。

3.1.2 标准术语和用词说明

一般国家标准第 2 章为术语,对该标准常用的术语做出明确的规定或定义,在标准的最后有用词说明,方便在执行标准的规范条文时区别对待,GB 50314—2015《智能建筑设计标准》对要求严格程度不同的用词说明如下:

（1）表示很严格，非这样做不可的，正面词采用"必须"，反面词采用"严禁"。

（2）表示严格，在正常情况下均应这样做的，正面词采用"应"，反面词采用"不应"或"不得"。

（3）表示允许稍有选择，在条件许可时首先应这样做的，正面词采用"宜"，反面词采用"不宜"。

（4）表示有选择，在一定条件下可以这样做的，采用"可"。

（5）标准条文中指明应按其他有关标准执行的写法为"应符合……的规定"或"应按……执行"。

3.1.3 标准的分类

《中华人民共和国标准化法》将标准划分为国家标准、行业标准、地方标准、企业标准共四类，本单元选择在实际工程中，经常使用的国家标准和行业标准进行介绍，相关地方标准和企业标准不再介绍。

目前我国非常重视标准的编写和发布，在出入口控制系统、停车场系统和可视对讲系统行业已经建立了比较完善的标准体系，涉及的主要标准如下：

（1）GB 50314—2015《智能建筑设计标准》。

（2）GB 50606—2010《智能建筑工程施工规范》。

（3）GB 50339—2013《智能建筑工程质量验收规范》。

（4）GB 50348—2018《安全防范工程技术标准》。

（5）GB 50396—2007《出入口控制系统工程设计规范》。

（6）GA/T 761—2008《停车库（场）安全管理系统技术要求》。

（7）GB/T 31070.1—2014《楼寓对讲系统 第1部分：通用技术要求》。

（8）GA/T 74—2017《安全防范系统通用图形符号》。

3.2 GB 50314—2015《智能建筑设计标准》系统配置简介

3.2.1 标准适用范围

GB 50314—2015《智能建筑设计标准》由住房和城乡建设部在2015年3月8日公告，公告号为778号，从2015年11月1日起开始实施。该标准是为了规范智能建筑工程设计，提高和保证设计质量专门制定，适用于新建、扩建和改建的民用建筑及通用工业建筑等的智能化系统工程设计，民用建筑包括住宅、办公、教育、医疗等。标准要求智能建筑工程的设计应以建设绿色建筑为目标，做到功能实用、技术适时、安全高效、运营规范和经济合理，在设计中应增强建筑物的科技功能和提升智能化系统的技术功效，具有适用性、开放性、可维护性和可扩展性。

3.2.2 设计规定

该标准共分18章，主要规范了建筑物中的智能化系统的设计要求，第1～4章主要为智能建筑设计的总则、术语、工程架构、设计要素。第5～18章为住宅建筑、办公建筑、旅馆建筑、文化建筑、博物馆建筑、观演建筑、会展建筑、教育建筑、金融建筑、交通建筑、医疗建筑、体育建筑、商店建筑、通用工业建筑等不同建筑的设计。

单元 3　出入口控制系统工程常用标准简介

第4章设计要素中，"4.6公共安全系统"中明确规定，安全技术防范系统中宜包括安全防范综合管理（平台）和出入口控制、视频安防监控、入侵报警、访客对讲、停车场安全管理等系统。

第5～18章的各种智能建筑设计中，明确要求出入口控制系统、停车场系统和可视对讲系统的设计应按GB 50348《安全防范工程技术标准》和出入口控制系统、停车场系统和可视对讲系统相关的现行国家标准的规定执行，同时针对各种智能建筑的不同用途，特别给出了具体设计配置规定和要求，下面为几种常见智能建筑设计中与出入口控制系统、停车场系统和可视对讲系统有关的内容。

在第5章住宅建筑设计中，安全技术防范系统配置应按表3-1的规定。非超高层住宅建筑、超高层住宅建筑中，安全技术防范系统的配置不宜低于GB 50348—2018《安全防范工程技术标准》的有关规定。

表3-1　住宅建筑安全技术防范系统配置表

	住宅建筑	非超高层住宅建筑	超高层住宅建筑
	智能化系统		
安全技术防范系统	出入口控制系统	按照国家现行有关标准进行配置	
	电子巡查系统		
	访客对讲系统		
	停车库（场）管理系统	宜配	宜配
机房工程	安防监控中心	应配	应配

说明：此表根据GB 50314—2015《智能建筑设计标准》表5.0.2整理。

在第6章办公建筑设计中，安全技术防范系统配置应按表3-2的规定。通用办公建筑、行政办公建筑中，安全技术防范系统应符合现行国家标准GB 50348—2018《安全防范工程技术标准》的有关规定。

表3-2　办公建筑安全技术防范系统配置表

	办公建筑	通用办公建筑		行政办公建筑		
	智能化系统	普通办公建筑	商务办公建筑	其它	地市级	省部级及以上
安全技术防范系统	出入口控制系统	应配	应配	应配	应配	应配
	电子巡查系统	应配	应配	应配	应配	应配
	访客对讲系统	应配	应配	应配	应配	应配
	停车库（场）管理系统	宜配	应配	宜配	应配	应配
机房工程	安防监控中心	应配	应配	应配	应配	应配
	安全防范综合管理平台系统	宜配	应配	宜配	应配	应配

说明：此表根据GB 50314—2015《智能建筑设计标准》表6.2.1和6.3.1相关规定整理。

在第12章教育建筑设计中，安全防范配置应按表3-3的规定。高等学校、高级中学、初级中学和小学，应根据学校建筑的不同规模和管理模式配置，安全技术防范系统应符合现行国家标准GB 50348—2018《安全防范工程技术标准》的有关规定。

表3-3 教育建筑安全防范配置表

	教育建筑	高等学校		高级中学		初级中学和小学	
安全技术防范系统	智能化系统	高等专科学校	综合性大学	职业学校	普通高级中学	小学	初级中学
	出入口控制系统	应配	应配	应配	应配	应配	应配
	电子巡查系统	应配	应配	应配	应配	应配	应配
	停车库（场）管理系统	宜配	应配	可配	可配	可配	可配
机房工程	安防监控中心	应配	应配	应配	应配	应配	应配
安全防范综合管理平台系统		可配	应配	宜配	应配	可配	可配

说明：表3-3根据GB 50314—2015《智能建筑设计标准》表12.2.1和表12.3.1及表12.4.1整理。

在第14章交通建筑设计中，安全防范配置应按表3-4的规定。民用机场航站楼，安全技术防范系统应符合机场航站楼的运行及管理需求。铁路客运站，安全技术防范系统应结合铁路旅客车站管理的特点，采取各种有效的技术防范手段，满足铁路作业、旅客运转的安全机制的要求。

表3-4 交通建筑安全防范配置表

	交通建筑	民用机场航站楼		铁路客运站			城市轨道交通站		汽车客运站		
安全技术防范系统	智能化系统	支线	国际	三等	一等二等	特等	一般	枢纽	四级	三级	二级	一级
	出入口控制系统	按照国家现行有关标准进行配置										
	电子巡查系统											
	停车库（场）管理系统	宜配	应配	宜配	应配	应配	宜配	应配	宜配	应配	应配
机房工程	安防监控中心	应配	应配	应配	应配	应配	应配	应配	应配	应配	应配
	智能化设备间	应配	应配	应配	应配	应配	应配	应配	应配	应配	应配
安全防范综合管理平台系统		应配	应配	宜配	应配	应配	应配	应配	可配	宜配	应配	应配

说明：表3-4根据GB 50314—2015《智能建筑设计标准》表14.2.1、表14.3.1、表14.4.1、表14.5.1整理。

3.3 GB 50606—2010《智能建筑工程施工规范》施工要求简介

3.3.1 标准适用范围

GB 50606—2010《智能建筑工程施工规范》由住房和城乡建设部在2010年7月15日公告，公告号为668号，从2011年2月1日起开始实施。该标准是为了加强智能建筑工程施工过程的管理，提高和保证施工质量专门制定，适用于新建、改建和扩建工程中的智能建筑工程施工。标准要求智能建筑工程的施工，要做到技术先进、工艺可靠、经济合理、管理高效。

3.3.2 施工规定

该标准共分17章，主要规范了建筑物的智能化施工要求，第1~4章主要为智能建筑施工的总则、术语、基本规定、综合管线。第5~15章为智能建筑各子系统的施工要求，包括：综合布线系统、信息网络系统、卫星接收及有线电视系统、会议系统、广播系统、信息设施系统、信息化应用系统、建筑设备监控系统、火灾自动报警系统、安全防范系统、智能化集成系统。第

16～17章为防雷与接地、机房工程。

在第14章"安全防范系统"中对出入口控制系统、停车场系统和可视对讲系统的施工要求如下：

1. 施工准备

（1）出入口控制系统、停车场系统和可视对讲系统的设备应有强制性产品认证证书和"CCC"标志，或进网许可证、合格证、检测报告等文件资料，产品名称、型号、规格应与检验报告一致。图3-1所示为3C中国强制性产品认证标志，图3-2所示为进网许可证，图3-3所示为产品合格证。

图3-1　3C认证标志

图3-2　进网许可证

图3-3　产品合格证

（2）进口设备应有国家商检部门的有关检验证明。一切随机的原始资料，自制设备的设计计算资料、图纸、测试记录、验收鉴定结论等应全部清点、整理归档。

2. 设备安装

（1）出入口控制系统设备的安装除应执行现行国家标准GB 50396—2007《出入口控制系统工程设计规范》的相关规定外，尚应符合下列规定：

① 识读设备的安装位置应避免强电磁辐射辐射源、潮湿、有腐蚀性等恶劣环境。
② 控制器、读卡器不应与大电流设备共用电源插座。
③ 控制器宜安装在弱电间等便于维护的地点。
④ 读卡器类设备完成后应加防护结构面，并应能防御破坏性攻击和技术开启。
⑤ 控制器与读卡机间的距离不宜大于50 m。
⑥ 配套锁具安装应牢固，启闭应灵活。
⑦ 红外光电装置应安装牢固，收、发装置应相互对准，并应避免太阳光直射。
⑧ 信号灯控制系统安装时，警报灯与检测器的距离不应大于15 m。
⑨ 使用人脸、眼纹、指纹、掌纹等生物识别技术进行识读的出入口控制系统设备的安装应符合产品技术说明书的要求。

（2）停车场（库）管理系统安装除应执行现行国家标准GB 50348—2018《安全防范工程技术标准》的相关规定外，尚应符合下列规定：

① 感应线圈埋设位置应居中，与读卡器、闸门机的中心间距宜为0.9～1.2 m。
② 挡车器应安装牢固、平整，安装在室外时，应采取防水、防撞、防砸措施。
③ 车位状况信号指示器应安装在车道出入口的明显位置，安装高度应为2.0～2.4 m，室外安装时应采取防水、防撞措施。

（3）访客（可视）对讲系统安装应执行现行国家标准GB 50348—2018《安全防范工程技术标准》的相关规定。

3. 质量控制

（1）系统设备应安装牢固，接线规范、正确，并应采取有效的抗干扰措施。

（2）应检查系统的互联互通，各个设备之间的联动应符合设计要求。

（3）防雷与接地工程施工应符合相关规定。

4. 系统调试

（1）出入口控制系统调试除应执行GB 50348—2018《安全防范工程技术标准》的相关规定外，尚应符合下列规定：

① 每一次有效的进入，系统应存储进入人员的相关信息，对非有效进入及胁迫进入应有异地报警功能。

② 检查系统的响应时间及事件记录功能，检查结果应符合设计要求。

③ 系统与考勤、计费及目标引导（车库）等一卡通联合设置时，系统的安全管理应符合设计要求。

④ 调试出入口控制系统与报警、电子巡查等系统间的联动或集成功能。调试出入口控制系统与火灾自动报警系统间的联动功能，联动和集成功能应符合设计要求。

⑤ 检查系统与智能化集成系统的联网接口，接口应符合设计要求。

（2）停车库（场）安全管理系统调试除应执行现行国家标准GB 50348—2018《安全防范工程技术标准》的相关规定外，尚应符合下列规定要求：

① 感应线圈的位置和响应速度应符合设计要求。

② 系统对车辆进出的信号指示、计费、保安等功能应符合设计要求。

③ 出入口车道上各设备应工作正常，IC卡的读/写、显示、自动闸门机起落控制、出入口图像信息采集以及与收费主机的各设备之间的实时通信功能应符合设计要求。

④ 收费管理系统的参数设置、IC卡发售、挂失处理及数据收集、统计、汇总、报表打印等功能应符合设计要求。

（3）访问（可视）对讲系统调试除应执行GB 50348—2018《安全防范工程技术标准》的相关规定外，尚应符合下列规定：

① 可视对讲系统的图像质量应符合行业标准《黑白可视对讲系统》GA/T269的相关要求，声音清楚、声级应不低于80 dB。

② 系统双向对讲、遥控开锁、密码开锁功能和备用电池应符合现行国家行业标准《楼宇对讲系统及电控防盗门通用技术条件》GA/T72的相关要求及设计要求。

5. 自检自验

（1）出入口控制系统的检验除应执行现行国家标准GB 50339—2013《智能建筑工程质量验收规范》的相关规定外，尚应符合检验生物识别系统的识别功能、准确率及联动控制功能，并应符合GB 51348—2019《民用建筑电气设计标准》的规定，即系统与火灾自动报警联动时，火灾确认后，应自动打开疏散通道上由系统控制的门，并应自动开启门厅的电动旋转门和打开庭院的电动大门等。

（2）停车场安全管理系统的检验应执行现行国家标准GB 50339—2013《智能建筑工程质量验收规范》的相关规定。

（3）可视对讲系统检验除应执行相关现行国家标准规定外，尚应符合下列规定：

① 应检测系统对讲时图像质量、声音清晰度等参数，并应符合设计要求。

② 应检验管理中心机与其他设备的通信功能，并应符合设计要求。

6. 质量记录

安全防范各系统质量记录除应执行本规范的规定外，尚应执行GB 50348—2018《安全防范工程技术标准》等现行国家标准的有关规定。

3.4 GB 50339—2013《智能建筑工程质量验收规范》检验要求简介

3.4.1 标准适用范围

GB 50339—2013《智能建筑工程质量验收规范》由住房和城乡建设部在2013年6月26日公告，公告号为83号，从2014年2月1日起开始实施。该标准是为了加强智能建筑工程质量管理，规范智能建筑工程质量验收，保证工程质量专门制定，适用于新建、改建和扩建工程中的智能建筑工程的质量验收。标准要求智能建筑工程的质量验收，要坚持"验评分离、强化验收、完善手段、过程控制"的指导思想。

3.4.2 验收规定

该标准共分22章，主要规范了智能建筑工程质量的验收方法、程序和质量指标。第1~3章主要为智能建筑工程质量验收的总则、术语和符号、基本规定。第4~20章为智能建筑各子系统的质量验收要求，包括智能化集成系统、信息接入系统、用户电话交换系统、信息网络系统、综合布线系统、移动通信室内信号覆盖系统、卫星通信系统、有线电视及卫星电视接收系统、公共广播系统、会议系统、信息导引及发布系统、时钟系统、信息化应用系统、建筑设备监控系统、火灾自动报警系统、安全防范系统、应急响应系统。第21~22章为机房工程、防雷与接地。

在第19章"安全技术防范系统"中，要求安全技术防范系统可包括安全防范综合管理系统、出入口控制系统、视频安防监控系统、入侵报警系统、可视对讲系统和停车场安全管理系统等子系统。

检验要求如下：

（1）出入口控制系统、停车场安全管理系统、可视对讲系统功能应按设计要求逐项检验。

（2）出入口控制系统、停车场安全管理系统、可视对讲系统各组成部分相关设备抽检的数量不应低于20%，且不应少于三台，数量少于三台时应全部检测。

（3）应检测系统功能，出入口控制系统包括出入目标识读装置功能、信息处理/控制设备功能、执行机构功能、报警功能等；停车场系统包括识别功能、控制功能、管理功能、显示功能、紧急情况下人工开闸功能等；可视对讲系统包括开锁功能、监视功能、显示功能、呼叫功能等。并应按GB 50348—2018《安全防范工程技术标准》现行国家标准中有关出入口控制系统检验项目、检验要求及测试方法的规定执行。

3.5 GB 50348—2018《安全防范工程技术标准》简介

3.5.1 标准适用范围

本标准是安全技术防范工程建设的通用标准，是保证工程建设质量，维护国家、集体和个人财产与生命安全的重要技术措施，其属性为强制性国家标准。

本规范的主要内容包括12章：总则、术语、基本规定、规划、工程建设程序、工程设计、工程施工、工程监理、工程检验、工程验收、系统运行与维护、咨询服务。本节会围绕有关停车场系统的相关内容进行基本介绍。

3.5.2　出入口控制系统相关规定

1. 规划

（1）出入口的防护应针对需要防范的风险，按照纵深防护和均衡防护的原则，统筹考虑人力防范能力，协调配置实体防护和（或）电子防护设备、设施，对保护对象从单位、部位和（或）区域、目标三个层面进行防护，且应符合下列规定：

① 应根据现场环境和安全防范管理要求，合理选择实体防护和（或）出入口控制和（或）入侵探测和（或）视频监控等防护措施。

② 应考虑不同的实体防护措施对不同风险的防御能力。

③ 应考虑出入口控制的不同识读技术类型及其防御非法入侵的能力，包括强行闯入、尾随进入、技术开启等。

④ 应考虑不同的入侵探测设备对翻越、穿越等不同入侵行为的探测能力，以及入侵探测报警后的人防响应能力。

⑤ 应考虑视频监控设备对出入口的监控效果，通常应能清晰地辨别出入人员的面部特征。

（2）当保护对象被确定为防范恐怖袭击重点目标时，应根据防范恐怖袭击的具体需求，强化防护措施。出入口和通道的防护应考虑防爆安全检查设备、人行通道闸和车辆阻挡装置的设置以及设置安全缓冲或隔离区等。

2. 系统设计

1）出入口实体防护设计

根据安全防范管理要求，在满足通行能力的前提下，遵守下列原则：

（1）应减少周界出入口数量。

（2）出入口应设置实体屏障，宜远离重要保护目标，出入口实体屏障宜防止人员穿越、攀越、拆卸、破坏、窥视、尾随等防护功能。

（3）人员、车辆出入口宜分开设置；可设置有人值守的警卫室或安全岗亭。

（4）无人值守的出入口实体屏障的防护能力应与周界实体屏障相当。

2）出入口电子防护设计

（1）出入口控制系统应根据不同的通行对象进出各受控区的安全管理要求，在出入口处对其所持有的凭证进行识别查验，对其进出实施授权、实时控制与管理，满足实际应用需求。

（2）出入口控制系统的设计内容应包括：与各出入口防护能力相适应的系统和设备的安全等级、受控区的划分、目标的识别方式、出入控制方式、出入授权、出入状态监测、登录信息安全、自我保护措施、现场指示/通告、信息记录、人员应急疏散、独立运行、一卡通用等，并应符合下列规定：

① 设备/部件的安全等级应与出入口控制点的防护能力相适应。出入口控制系统/设备分为四个安全等级，1级为最低等级，4级为最高等级。安全等级对应到每个出入口控制点。

② 应根据安全管理要求及各受控区的出入权限要求，确定各受控区，明确同权限受控区和

高权限受控区，并以此作为系统设备的选型和安装位置设置的重要依据。

③ 出入口控制系统应采用编码识读和（或）特征识读方式，对目标进行识别。编码识别应有防泄露、抗扫描、防复制的能力。特征识别应在确保满足一定的拒认率的管理要求基础上降低误识率，满足安全等级的相应要求。

④ 出入口控制系统可选择使用一种出入控制方式或多种出入控制方式的组合。

⑤ 出入口控制系统应根据安全管理要求，对不同目标出入各受限区的时间、出入控制方式等权限进行配置。

⑥ 出入口控制系统对出入口状态应具有监测出入口启/闭状态的功能。

⑦ 出入口控制系统应能对目标的识读结果提供现场指示，当出现非法操作时，系统应能根据不同需要在现场和（或）监控中心发出可视和（或）可听的通告或警示。

⑧ 系统的信息处理装置应能对系统中的有关信息自动记录、存储，并有防篡改和防销毁等功能。

⑨ 系统不应禁止其他紧急系统（如火灾等）授权自由出入的功能。系统必须满足紧急逃生时人员疏散的相关要求。

3. 系统施工

出入口控制设备安装应符合下列规定：

（1）各类识读装置的安装应便于识读操作。

（2）感应式识读装置在安装时应注意可感应范围，不得靠近高频、强磁场。

（3）受控区内出门按钮的安装，应保证在受控区外不能通过识读装置的过线孔触及出门按钮的信号线。

（4）锁具安装应保证在防护面外无法拆卸。

4. 系统调试

出入口控制系统调试应至少包括下列内容：

（1）识读装置、控制器、执行装置、管理设备等调试。

（2）各种识读装置在使用不同类型凭证时的系统开启、关闭、提示、记忆、统计、打印等判别与处理。

（3）各种生物识别技术装置的目标识别。

（4）系统出入授权/控制策略，受控区设置、单/双向识读控制、防重入、复合/多重识别、防尾随、异地核准等。

（5）与出入口控制系统共用凭证或其介质构成的一卡通系统设置与管理。

（6）出入口控制系统与消防通道门和入侵报警、视频监控、电子巡查等系统间的联动或集成。

（7）指示/通告、记录/存储等。

（8）出入口控制系统的其他功能。

5. 系统检验

（1）工程检验应对系统设备按产品类型及型号进行抽样检验。

（2）出入口控制系统检验，应包括系统架构检验、实体防护检验、电子防护检验、设备安装检验等内容。

（3）工程检验中有不合格项时，允许改正后进行复检。复检时抽样数量应加倍，复检仍不合格则判该项不合格。

（4）系统交付使用后，可进行系统运行检验。

6. 系统验收

出入口控制系统应重点检查下列内容：

（1）应检查系统的识读方式、受控区划分、出入权限设置与执行机构的控制等功能。

（2）应检查系统（包括相关部件或线缆）采取的自我保护措施和配置，并与系统的安全等级相适应。

（3）应根据建筑物消防要求，现场模拟发生火警或紧急疏散，检查系统的应急疏散功能。

3.5.3 停车场系统相关规定

1. 系统设计

（1）停车场安全管理系统应对停车场的车辆通行道口实施出入控制、监视与图像抓拍、行车信号指示、人车复核及车辆防盗报警，并能对停车场内的人员及车辆的安全实现综合管理。

（2）停车场安全管理系统设计内容应包括出入口车辆识别、挡车/阻车、车位引导、防砸车、场内部安全管理、指示/通告、管理集成等，并符合下列规定：

① 停车场安全管理系统应根据安全技术防范管理的需要，采用编码凭证和（或）车牌识别方式对出入车辆进行识别。高风险目标区域的车辆出入口可复合采用人员识别、车底检查等功能的系统。

② 停车场安全管理系统设置的电动拦车机等挡车指示设备应满足通行流量、通行车型（大小）的要求。例如，高速公路出入口、大型超市或者办公楼写字楼等车流量较大的场合，要求车辆快速通行，应选择高速道闸或快速道闸，以减少因道闸开关起落而产生的等待时间。

③ 应根据停车场场区的规模和形态设计车位引导功能。

④ 系统挡车设备应有对正常通行车辆的保护措施，宜与地感线圈探测器等设备配合使用。例如，地感线圈车辆检测器与道闸配合使用，即可实现防砸车的功能。

⑤ 系统应能对车辆的识读过程提供现场指示。当停车场出入口装置处于被非授权开启、故障等状态时，系统应能根据不同需要向现场、监控中心发出可视和（或）可听的通告或警示。

⑥ 系统可与停车场收费系统联合设置，提供自动计费、收费金额显示、收费统计与管理功能。系统也可与出入口控制系统联合设置，与其他安全防范子系统集成。

⑦ 应在停车场内部设置紧急报警、视频监控、电子巡查等设施，封闭式地下车库等部位应有足够的照明设施。

2. 系统施工

停车场安全管理设备安装应符合下列规定：

（1）读卡机与挡车器安装应平整，保持与水平面垂直、不得倾斜，读卡机应方便驾驶员读卡操作。当设备安装在室外时，应考虑防水及防撞措施。

（2）感应线圈埋设位置与埋设深度应符合设计要求或产品使用要求。

（3）智能摄像机安装的位置、角度，应满足车辆号牌字符、号牌颜色、车身颜色、车辆特征、人员特征等相关信息采集的需要。

（4）车位状况信号指示器应安装在车道出入口的明显位置，安装在室外时应考虑防水措施。

（5）车位引导显示器应安装在车道中央上方，便于识别与引导。
（6）停车场内部其他安防设备安装应符合本标准相关规定。

3. 系统调试
停车场安全管理系统调试应至少包括下列内容：
（1）读卡机、检测设备、指示牌、挡车器等。
（2）读卡机刷卡、线圈、摄像机、视频、雷达等设备的有效性及其响应速度。
（3）挡车器的开放和关闭的动作时间。
（4）车辆进出、号牌/车型复核、指示/通告、防砸车、车位引导等功能。
（5）停车收费系统的设置、显示、统计与管理功能。
（6）停车场安全管理系统的其他功能。

4. 系统检验
（1）工程检验应对系统设备按产品类型及型号进行抽样检验。
（2）停车场安全管理系统检验，应包括系统架构检验、实体防护检验、电子防护检验、设备安装检验等内容。
（3）工程检验中有不合格项时，允许改正后进行复检。复检时抽样数量应加倍，复检仍不合格则判该项不合格。
（4）系统交付使用后，可进行系统运行检验。

5. 系统验收
停车场安全管理系统应重点检查下列内容：
（1）应检查出入控制、车辆识别、车位引导等功能。
（2）应检查停车场内部紧急报警、视频监控、电子巡查等安全防范措施。
（3）应对照正式设计文件和系统检验报告，复核停车场安全管理系统的主要技术指标是否符合相关标准的要求。

3.5.4　可视对讲系统相关规定

住宅小区安全防范工程的设计，应遵循从人防、物防、技防有机结合的原则，在设置物防、技防设施时，应考虑人防的功能和作用。住宅小区的安全防范工程，根据建筑面积、建设投资、系统规模、系统功能和安全管理要求等因素，由低到高分为基本型、提高型和先进型三种类型。

1. 相关设计要求
1）基本型住宅小区设计
（1）住宅一层应安装内置式防护窗或防护玻璃。
（2）应安装可视对讲系统，并配置不间断电源装置。可视对讲系统主机安装在单元防护门上或墙体主机预埋盒内，应具有与分机对讲的功能。分机设置在住户室内，应具有门控功能，宜具有报警输出接口。
（3）可视对讲系统应与消防系统互联，当发生火警时，单元门口的防盗门锁应能自动打开。
（4）宜在住户室内至少安装一处以上的紧急求助报警装置。装置应具有防拆卸、防破坏报警功能，且有防误触发措施。安装位置应适宜，应考虑老年人和未成年人的使用要求，选择触发件接触面大、机械部件灵活、可靠的产品。求助信号应能及时报至监控中心。

基本型安防系统的配置标准应符合如表3-5所示的规定。

表3-5 基本型安防系统配置标准

序号	系统名称	安防设施	基本设置标准
1	周界防护系统	实体周界防护系统	两项中应设置一项
		电子周界防护系统	
2	公共区域安全防范系统	电子巡查系统	宜设置
3	家庭安全防范系统	内置式防护窗或高强度防护玻璃窗	一层设置
		访客对讲系统	设置
		紧急求助报警装置	宜设置
4	监控中心	安全管理系统	各子系统可单独设置
		有线通信工具	设置

2）提高型住宅小区设计

（1）应采用提高型住宅小区设计的相关规定。

（2）应安装联网型访客对讲系统，并符合基本型的相关设计规定和要求。

（3）可根据用户需要安装入侵报警子系统，家庭报警控制器应与监控中心联网。

提高型安防系统的配置标准应符合如表3-6所示的规定。

表3-6 提高型安防系统配置标准

序号	系统名称	安防设施	基本设置标准
1	周界防护系统	实体周界防护系统	设置
		电子周界防护系统	设置
2	公共区域安全防范系统	电子巡查系统	设置
		视频安防监控系统	小区出入口、重要部位或区域设置
		停车场管理系统	宜设置
3	家庭安全防范系统	内置式防护窗或高强度防护玻璃窗	一层设置
		联网型访客对讲系统	设置
		入侵报警系统	可设置
4	监控中心	安全管理系统	各子系统宜联动设置
		有线和无线通信工具	设置

3）先进型住宅小区设计

（1）采用先进型安防工程设计的相关规定。

（2）应安装访客可视对讲系统，可视对讲主机的内置摄像机宜具有逆光补偿功能或配置环境亮度处理装置，应采用低照度CCD广角摄像机，宜具有红外线LED自动调光功能，并应符合提高型安防工程设计的相关规定。

（3）宜在户门及阳台、外窗安装入侵报警子系统，并符合提高型安防工程设计的相关规定。

（4）在户内安装可燃气体泄漏自动报警装置。

先进型安防系统的配置标准应符合如表3-7所示的规定。

单元 3　出入口控制系统工程常用标准简介

表3-7　先进型安防系统配置标准

序号	系统名称	安防设施	基本设置标准
1	周界防护系统	实体周界防护系统	设置
		电子周界防护系统	设置
2	公共区域安全防范系统	在线电子巡查系统	设置
		视频安防监控系统	出入口、重要部位或通道、电梯轿厢等处设置
		停车场管理系统	设置
3	家庭安全防范系统	内置式防护窗或高强度防护玻璃窗	一层设置
		紧急求助报警装置	设置至少两处
		联网型访客对讲系统	设置
		入侵报警系统	设置
		可燃气体泄漏报警装置	设置
4	监控中心	安全管理系统	各子系统联动设置
		有线和无线通信工具	设置

2．工程施工

楼宇可视对讲设备安装：

（1）门口机操作面板的安装高度，离地不宜高于1.5 m，安装位置面向访客。

（2）调整可视门口机内置摄像机的方位和视角于最佳位置，对不具备逆光补偿的摄像机，宜作环境亮度处理。

（3）管理中心机安装应平稳牢固，安装位置便于操作。

（4）室内机安装位置宜选择在出入口的内墙，安装牢固，其高度离地1.4～1.6 m。

3．系统调试

（1）按GB/T 31070.1—2014《楼寓对讲系统　第1部分：通用技术要求》和GA/T 678—2007《联网型可视对讲系统技术要求》的要求，调试门口机、室内机、管理中心机等设备，保证工作正常。

（2）按GB/T 31070.1—2014《楼寓对讲系统　第1部分：通用技术要求》的要求，调试系统的选呼、通话、电控开锁等功能。

（3）调试可视对讲系统的图像质量，应符合相关现行国家标准的要求。

（4）对具有报警功能的楼宇可视对讲系统，应按GB 12663—2019《入侵和紧急报警系统　控制指示设备》及相关标准的要求，调试其布防、撤防、报警和紧急求助功能，并检查传输及信道有无堵塞情况。

4．工程检验

可视对讲系统工程检验是指对可视对讲系统的安装、施工质量和系统功能、性能、系统安全性和电磁兼容等项目的检验。检验项目如下：

（1）门口机与室内机应能实现双向通话，声音应清晰，应无明显噪声。

（2）室内机的开锁机构应灵活、有效。

（3）电控防盗门及锁具应符合有关标准要求，应具有有效期内的检验报告；电控开锁、手动开锁及钥匙开锁，均应正常可靠。

（4）具有报警功能的楼寓可视对讲系统，其报警功能应符合入侵报警子系统相关要求。
（5）关门噪声应符合设计要求。
（6）可视对讲系统的图像应清晰、稳定。图像质量应符合设计要求。

5. 工程验收

验收楼宇可视对讲系统时，应对照正式设计文件和系统检验报告，复核楼宇可视对讲系统的主要技术指标是否符合相关标准的要求，复核电控开锁是否有自我保护功能，可视对讲系统的图像是否能辨别来访者。

3.6　GB 50396—2007《出入口控制系统工程设计规范》简介

本规范是GB 50348—2018《安全防范工程技术标准》的配套标准，也是安全防范系统工程建设的基础性标准之一，是保证安全防范工程建设质量、保护公民人身安全和财产安全的重要技术保障。

本规范共10章，主要内容包括：总则、术语、基本规定、系统构成、系统功能、性能设计、设备选型与设置、传输方式、线缆选型与布线、供电、防雷与接地，以及系统安全性、可靠性、电磁兼容性、环境适应性、监控中心等。

3.6.1　总则

（1）为了规范出入口控制系统工程的设计，提高出入口控制系统工程的质量，保护公民人身安全和国家、集体、个人财产安全，制定本规范。

（2）本规范适用于以安全防范为目的的新建、改建、扩建的各类建筑物（构筑物）及其群体的出入口控制系统工程的设计。

（3）出入口控制系统工程的建设，应与建筑及其强、弱电系统的设计统一规划，根据实际情况，可一次建成，也可分步实施。

（4）出入口控制系统应具有安全性、可靠性、开放性、可扩充性和使用灵活性，做到技术先进，经济合理，实用可靠。

（5）出入口控制系统工程的设计，除应执行本规范外，尚应符合国家现行有关技术标准、规范的规定。

3.6.2　常用术语

本标准的常用术语如表3-8所示。

表3-8　标准常用术语

序　号	名词术语	英 文 名	定　义
1	出入口控制系统	Access Control System (ACS)	利用自定义符识别或模式识别技术对出入口目标进行识别并控制出入口执行机构启闭的电子系统或网络
2	目标	Object	通过出入口且需要加以控制的人员或物品
3	目标信息	Object Information	赋予目标或目标特有的、能够识别的特征信息。数字、字符、图形图像、人体生物特征、物品特征、时间等均可成为目标信息
4	钥匙	Key	用于操作出入口控制系统，取得出入权的信息及其载体

续表

序　号	名词术语	英　文　名	定　义
5	人体生物特征信息	Human Body Biologic Characteristic	目标人员个体与生俱有的、不可模仿或极难模仿的那些体态特征信息或行为，且可以被转变为目标独有特征的信息
6	物品特征信息	Article Characteristic	目标物品特有的物理、化学等特性且可被转变为目标独有特征的信息
7	误识	False Identification	系统将某个钥匙识别为系统其他钥匙，包括误识进入和误识拒绝，通常以误识率表示
8	拒认	Refuse Identification	系统对某个正常操作的本系统钥匙未做出识别响应，通常以拒认率表示
9	复合识别	Combination Identification	系统对某目标的出入行为采用两种或两种以上的信息识别方式并进行逻辑相与判断的一种识别方式
10	防目标重入	Anti Pass-back	能够限制经正常操作已通过某出入口的目标，未经正常通过轨迹而再次操作又通过该出入口的一种控制方式
11	异地核准控制	Remote Approve Control	系统操作人员（管理人员）在非识读现场（通常是控制中心）对能通过系统识别、允许出入的目标进行再次确认，并针对此目标遥控关闭或开启某出入口的一种控制方式

3.6.3　基本设计要求

出入口控制系统工程的设计，应符合下列要求：

（1）根据防护对象的风险等级和防护级别、管理要求、环境条件和工程投资等因素，确定系统规模和构成；根据系统功能要求、出入口数量、出入权限、出入时间段等因素来确定系统的设备选型与配置。

（2）出入口控制系统的设置必须满足消防规定的紧急逃生时人员疏散的相关要求。

（3）供电电源断电时系统闭锁装置的启闭状态应满足管理要求。

（4）执行机构的有效开启时间应满足出入口人流量及人员、物品的安全要求。

（5）系统前端设备的选型与设置，应满足现场建筑环境条件和防破坏、防技术开启的要求。

（6）当系统与考勤、计费及目标引导（车库）等一卡通联合设置时，必须保证出入口控制系统的安全性要求。

3.6.4　主要功能、性能要求

1. 一般规定

（1）系统的防护能力由所用设备的防护面外壳的防护能力、防破坏能力、防技术开启能力以及系统的控制能力、保密性等因素决定。系统设备的防护能力由低到高分为A、B、C三个等级。

（2）系统响应时间应符合下列规定：

① 系统的下列主要操作响应时间应不大于2秒。

- 在单级网络的情况下，现场报警信息传输到出入口管理中心的响应时间。
- 除工作在异地核准控制模式外，从识读部分获取一个钥匙的完整信息至执行部分开始启闭出入口动作的时间。
- 在单级网络的情况下，操作（管理）员从出入口管理中心发出启闭指令至执行部分开始启闭出入口动作的时间。
- 在单级网络的情况下，从执行异地核准控制后到执行部分开始启闭出入口动作的时间。

② 现场事件信息经非公共网络传输到出入口管理中心的相应时间应不大于5秒。

（3）系统计时、校时应符合下列规定：

① 非网络型系统的计时精度应小于5秒/天；网络型系统的中心管理主机的计时精度应小于5秒/天，其他的与事件记录、显示及识别信息有关的各计时部件的计时精度应小于10秒/天。

② 系统与事件记录、显示及识别信息有关的计时部件应有校时功能；在网络型系统中，运行于中央管理主机的系统管理软件每天宜设置与事件记录、显示及识别信息有关的各计时部件的校时功能。

（4）系统报警功能分为现场报警、向操作（值班）员报警、异地传输报警等，报警信号应为声光提示。在发生以下情况时，系统应报警：

① 当连续若干次（一般最多不超过5次，具体次数应在产品说明书中规定）在目标信息识读装置或管理/控制部分上实施错误操作时。

② 当未使用授权的钥匙而强行通过出入口时。

③ 当未经正常操作而使出入口开启时。

④ 当强行拆除或打开B、C级的识读现场装置时。

⑤ 当B、C级的主电源被切断或短路时。

⑥ 当C级的网络型系统的网络传输发生故障时。

（5）系统应具有应急开启功能，可采用下列方法：

① 使用制造厂特制工具采取特别方法局部破坏系统部件后，使出入口应急开启，且可迅速修复或更换被破坏部分。

② 采取冗余设计，增加开启出入口通路（但不得降低系统的各项技术要求）以实现应急开启。

（6）软件及信息保存应符合下列规定：

① 除网络型系统的中央管理机外，需要的所有软件均应保存到固态存储器中。

② 具有文字界面的系统管理软件，其用于操作、提示、事件显示等的文字应采用简体中文。

③ 当供电不正常、断电时，系统的密钥（钥匙）信息及各记录信息不得丢失。

④ 当系统与考勤、计费及目标引导（车库）等一卡通联合设置时，软件必须确保出入口控制系统的安全管理要求。

（7）系统应能独立运行，并应能与电子巡查、入侵报警、视频安防监控等系统联动，宜与安全防范的监控中心联网。

2. 各部分功能、性能要求

1）识读部分应符合下列规定

（1）识读部分应能通过识读现场装置获取操作及钥匙信息并对目标进行识别，应能将信息传递给管理与控制部分处理，宜能接受管理与控制部分的指令。

（2）"误识率""识读响应时间"等指标，应满足管理要求。

（3）对识读装置的各种操作和接受管理/控制部分的指令等，识读装置应有相应的声或光提示。

（4）识读装置应操作简便，识读信息要可靠。

2）管理/控制部分应符合下列规定

（1）系统应具有对钥匙的授权功能，使不同级别的目标对各个出入口有不同的出入权限。

（2）应能对系统操作（管理）员的授权、登录、交接进行管理，并设定操作权限，使不同级别的操作员对系统有不同的操作能力。

（3）事件记录。

① 系统能将出入事件、操作事件、报警事件等记录存储于系统的相关载体中，并能形成报表以备查看。

② 事件记录应包括时间、目标、位置、行为。其中时间信息应包含年、月、日、时、分、秒，年应采用千年记法。

③ 现场控制设备中的每个出入口记录总数：A级不小于32条，B、C级不小于1 000条。

④ 中央管理主机的事件存储载体，应至少能存储不少于180天的事件记录，存储的记录应保持最新的记录值。

⑤ 经授权的操作（管理）员可对授权范围内的事件记录、存储于系统相关载体中的事件信息，进行检索、显示或打印，并可生成报表。

（4）与视频安防监控系统联动的出入口控制系统，应在事件查询的同时，能回放与该出入口相关联的视频图像。

3）执行部分

（1）闭锁部件或阻挡部件在出入口关闭状态和拒绝放行时，其闭锁力、阻挡范围等性能指标应满足使用、管理要求。

（2）出入准许指示装置可采用声、光、文字、图形、物体位移等多种指示。其准许和拒绝两种状态应易于区分。

（3）出入口开启时出入目标通过的时限应满足使用、管理要求。

3.6.5 设备选型与设置

1. 设备选型应符合的要求

（1）防护对象的风险等级、防护级别、现场的实际情况、通行流量等要求。

（2）安全管理要求和设备的防护能力要求。

（3）对管理/控制部分的控制能力、保密性的要求。

（4）信号传输条件的限制对传输方式的要求。

（5）出入口目标的数量及出入口数量对系统容量的要求。

（6）与其他子系统集成的要求。

2. 设备的设置应符合的规定

（1）识读装置的设置应便于目标的识读操作。

（2）采用非编码信号控制或驱动执行部分的管理与控制设备，必须设置于该出入口的对应受控区、同级别受控区或高级别受控区内。

3.6.6 传输方式、线缆选型与布线

（1）传输方式除应符合GB 50348—2018《安全防范工程技术标准》的有关规定外，还应考虑出入口控制点位发布、传输距离、环境条件、系统性能要求及信息容量等因素。

（2）线缆的选型应符合GB 50348—2018《安全防范工程技术标准》的有关规定外，还应符

合下列要求：

①识读设备与控制器之间的通信用信号线宜采用多芯屏蔽双绞线。

②门磁开关及出门按钮与控制器之间的通信用信号线，线芯最小截面积不宜小于0.50 mm²。

③控制器与执行设备之间的绝缘导线，线芯最小截面积不宜小于0.75 mm²。

④控制器与管理主机之间的通信用信号线宜采用双绞铜芯绝缘导线，其线径根据传输距离而定，线芯最小截面积不宜小于0.50 mm²。

（3）布线设计应符合GB 50348—2018《安全防范工程技术标准》的有关规定。

（4）执行部分的输入电缆在该出入口的对应受控区、同级别受控区或高级别受控区外的部分，应封闭保护，其保护结构的抗拉伸、抗弯折强度应不低于镀锌钢管。

3.6.7　供电、防雷与接地

（1）供电设计除应符合GB 50348—2018《安全防范工程技术标准》的有关规定外，还应符合以下规定：

① 主电源可使用市电或电池。备用电源可使用二次电池及充电器、UPS电源、发电机。如果系统的执行部分为闭锁装置，且该装置的工作模式为断电开启，B、C级的控制设备必须配置备用电源。

② 当电池作为主电源时，其容量应保证系统正常开启10 000次以上。

③ 备用电源应保证系统连续工作不少于48 h，且执行设备能正常开启50次以上。

（2）防雷与接地除应符合GB 50348—2018《安全防范工程技术标准》的有关规定外，还应符合下列规定：

① 置于室外的出入口控制系统设备宜具有防雷保护措施。

② 置于室外的设备输入、输出端口宜设置信号线路浪涌保护器。

③ 室外的交流供电线路、信号线路宜采用有金属屏蔽层并能穿钢管理地敷设，钢管两端应接地。

3.6.8　系统安全性、可靠性、电磁兼容性、环境适应性

（1）系统安全性设计除应符合GB 50348—2018《安全防范工程技术标准》的有关规定外，还应符合下列规定：

① 系统的任何部分、任何动作以及对系统的任何操作不应对出入目标及现场管理、操作人员的安全造成伤害。

② 系统必须满足紧急逃生时人员疏散的相关要求。当通向疏散通道方向为防护面时，系统必须与火灾报警系统及其他紧急疏散系统联动；当发生火警或需紧急疏散时，人员不使用钥匙应能迅速安全通过。

（2）系统可靠性设计应符合GB 50348—2018《安全防范工程技术标准》的有关规定。

（3）系统电磁兼容性设计应符合GB 50348—2018《安全防范工程技术标准》的有关规定，并符合现场电磁环境的要求。

（4）系统环境适应性应符合GB 50348—2018《安全防范工程技术标准》的相关规定，并符合现场地域环境的要求。

3.7 GA/T 761—2008《停车库（场）安全管理系统技术要求》简介

3.7.1 标准适用范围

本标准规定了停车库（场）安全管理系统的技术要求，是设计、安装、验收停车库（场）安全管理系统的基本依据。本标准适用于以安全防范管理为目的，对进、出车辆进行登录、监控和管理的封闭式停车库（场），其他类型的停车库（场）可参照执行。

3.7.2 常用术语

本标准的常用术语如表3-9所示。

表3-9 标准常用术语

序号	名词术语	英文名	定义
1	封闭式停车库（场）	Closed Parking Lots	仅能通过具有"允许和禁止通行"能力的出入口通道进出和停放车辆的场所或区域
2	停车库（场）安全管理系统	Parking Lots Security Management System	对进、出停车库（场）的车辆进行登录、出入认证、监控和管理的电子系统或网络
3	车辆身份信息	Vehicle Id Information	出/入车辆的身份特征信息，通常包含车辆标识信息、车主、车辆类型等
4	车辆标识	Vehicle Identity	记录车辆身份的介质，如智能IC卡、ID卡、条形码、电子标签、磁条票、打孔票、车辆号牌等
5	车辆信息识别装置	Vehicle Information Identification Device	识别车辆标识并读取车辆身份信息的设备
6	车辆检测器	Vehicle Detector	通过光、机、电等技术手段，检测有无车辆的设备或装置
7	挡车器	Car Park Barrier Gate	允许或禁止车辆通行的设备或装置，如电动栏杆机、折叠门、升降式地挡、指示装置等
8	声光提示装置	Audio And Light Indication Device	对系统各部分的工作状态、事件，以及对库（场）区内车位状况，用声音、图形或文字等声光信息做出告知、提醒或报警提示的装置
9	车辆引导装置	Car Park Guiding Device	引导车辆按规定路线或区域行进的设备或系统
10	中央管理单元	Central Management Unit	对停车库（场）设备统一控制管理，对停车库（场）信息、数据统一处理的系统或设备的统称
11	防砸车	Car-hitting Protection	挡车器工作在非闭锁状态时，有防止其运动执行部件碰到已进入挡车器工作区的一种控制逻辑

3.7.3 主要功能、性能要求

1. 系统功能要求

1）中央管理部分

（1）权限管理：

① 操作权限管理：系统应能对操作人员的授权和登录核准进行管理，通过设定操作权限，使不同级别的操作人员对系统有不同的操作权力。

② 车辆出入授权管理：系统应对车辆身份信息的录入、授权、变更、注销、延期、挂失等进行管理。

（2）数据管理：系统应能实现对出/入场车辆事件、操作管理事件、出/入口设备工作状态等信息管理，完成系统信息的查询、统计、打印以及数据的备份、恢复等功能。

（3）系统校时：与事件记录、显示及识别信息有关的计时部件应有时钟校准功能；校准发起由中央管理单元完成。

（4）图像比对：系统应能在同一界面上显示车辆和驾驶员的出入图片，提供比对以判断允许或禁止车辆通行。

（5）车牌自动识别：通过车辆自动识别模块，实现车辆特征信息（如车辆号牌）的自动识别功能。

（6）凭证抓拍：车辆出场时，利用图像获取设备采集并保存用户凭证的图像信息。

（7）收费管理：对于收费停车库（场），按照预置的收费标准和收费模式进行计费，并输出相应报表；可打印相关收费信息作为缴费凭证，包括出口收费和集中收费。

（8）系统报警提示：系统报警可分为现场报警、向操作（值班）员报警、异地传输报警等。报警信号的传输可采用有线或无线方式。

在发生以下情况之一时，系统宜报警：
① 当识读到未授权的车辆标识时。
② 当识读到已设定需要提示的车辆标识时。
③ 当未经正常操作而使出入口挡车器开启时。
④ 当通信发生故障时。
⑤ 当出卡机缺卡、塞卡时。

2）出/入口部分

（1）系统自检和故障指示：系统及各主要组成部分应有表明其工作正常的自检和故障指示功能。

（2）挡车功能：系统的出/入口部分应具有通过自动或人工控制挡车器，允许/禁止车辆通行的功能并具有防砸车功能。

（3）应急开启/关闭：在停电或系统不能正常工作时，应可以手动开启或关闭挡车器。

（4）手动开启记录：未按规定流程识别车辆标识，或车辆标识识别失败的情况下，能手动开启挡车器，系统应自动记录发生时间、出/入通道号、操作员等信息。

（5）防暴防冲撞：通过增加防护装置，可防止车辆冲撞系统设备。通过安装强力的挡车设备，系统可防止车辆强行通过挡车器。

（6）复合识别：系统对某目标的出入行为采用两种或两种以上的信息识别方式，并进行逻辑判断的一种识别方式。

（7）自动出/收卡：通过自动出/收卡设备，实现IC卡、ID卡或条形码卡的自动发放/回收。

（8）对讲功能：出/入库（场）车辆的驾驶人员通过对讲系统能与管理人员进行及时有效的沟通。

3）库（场）区部分

（1）车位信息显示：通过车位显示装置，显示停车场车辆数或满位等状态。

（2）车辆引导：通过车辆引导装置，实现库（场）内剩余车位数或满位指示，或实现分区

单元 3 出入口控制系统工程常用标准简介

域车位数指示引导,或实现每个车位的指示引导。

(3)系统联动:

① 系统宜具有接收与其相连的视频安防监控系统发出的信号并执行的能力,也可以向与其相连的视频安防监控系统发出控制信号。

② 系统宜具有接收与其相连的紧急报警系统发出的信号并执行的能力,也可以向与其相连的紧急报警系统发出控制信号。

2. 系统功能配置要求

系统功能配置要求如表3-10所示。

表3-10 系统功能配置表

系统组成	功能名称		基本要求	提高要求	增强要求
中央管理部分	权限管理		●	●	●
	数据管理		●	●	●
	系统校时		●	●	●
	图像比对		不要求	○	●
	车牌自动识别		不要求	△	○
	*凭证抓拍		不要求	△	○
	*收费管理		△	△	△
	系统报警提示	①	●	●	●
		②	△	○	●
		③	不要求	○	●
		④	不要求	●	●
		⑤	不要求	○	●
出/入口部分	系统自检和故障指示		●	●	●
	挡车功能		●	●	●
	应急开启/关闭		●	●	●
	手动开启记录		△	●	●
	防暴防冲撞		不要求	△	○
	复合识别		不要求	△	△
	*自动出/收卡		△	△	△
	对讲功能		△	○	●
库(场)区部分	车位信息显示		△	△	△
	车辆引导		△	△	△
	系统联动	①	不要求	△	○
		②	△	△	○
	紧急报警		△	○	●
	视频安防监控		△	○	●
	电子巡查		不要求	△	○

注①:图例说明:●应配置;○宜配置;△可配置。
注②:表中带有"*"的内容涉及收费停车库(场)安全管理系统的要求。

3. 系统性能要求

1）系统响应时间

（1）从车辆身份信息确认放行到挡车器开启的响应时间应不大于2秒。

（2）按取卡键到出卡机出卡响应时间应不大于2秒。

2）计时精度

非网络型系统的计时精度不低于5秒/天；网络型系统的中央管理主机的计时精度不低于5秒/天；其他的与事件记录、显示及识别信息有关的各计时部件的计时精度应不低于10秒/天。

3）保存时间

（1）系统管理软件事件信息保存时间应不少于1年。

（2）出入口和场区内的图像保存时间应不少于30天。

4）声像

（1）在距离音源正前方0.5 m处，出入口部分提示声音的声压值应不低于55 dB(A)。

（2）具有图像比对功能的系统，显示彩色图像的水平分辨率应不低于220 TVL（电视线），灰度等级应不低于7级；黑白图像的水平分辨率应不低于320 TVL，灰度等级应不低于8级。

4. 系统可靠性要求

系统可靠性按系统各组成部分的产品标准执行。

5. 系统接口要求

停车库（场）安全管理系统的接口可提供硬件接口和软件接口，便于系统的硬件集成及与其他系统的联动（网），也便于实现与其他系统的集成。例如，出入口控制、视频安防监控等系统的联动与共享。

6. 系统传输要求

系统可通过有线或无线方式实现对各种信号/数据的传递，且具备自检功能，并保证传输信息的安全性。

3.7.4　系统安全性、电磁兼容性、环境适应性

1）系统安全性

（1）设备机械、电气安全性应符合GB 50348—2018《安全防范工程技术标准》中的相关规定。

（2）通过目标的安全性：

① 出/入口部分宜具有通行指示的功能，引导车辆安全通过。

② 出/入口部分宜具有开启优先功能和防砸车功能。

③ 系统宜具备图像对比或车牌自动识别的功能，以加强车辆的安全验证。

（3）紧急情况下的安全性：

当出现紧急情况时，系统可以通过手动或其他方式，使通道处于可通行/关闭的状态。

（4）操作人员的安全性应符合GB 50348—2018《安全防范工程技术标准》中的相关规定。

（5）信息安全性应符合GB 50348—2018《安全防范工程技术标准》中的相关规定，识读的安全性应符合GB 50396—2007《出入口控制系统工程设计规范》中系统识读部分"保密性"的防护等级要求。

2）系统电磁兼容性

应符合GB 50348—2018《安全防范工程技术标准》的相关规定，主要设备的电磁兼容性应符合电磁兼容试验和测量技术系列标准的规定，其严酷等级应满足现场电磁环境的要求。

3）系统环境适应性

应符合GB 50348—2018《安全防范工程技术标准》的相关规定，各种系统设备应符合其使用环境，如室内外温度、湿度、大气压等的要求。

3.8 GB/T 31070.1—2014《楼寓对讲系统 第1部分：通用技术要求》简介

本部分规定了楼寓对讲系统的组成、功能要求、性能要求、试验方法和检验规则等通用技术要求，适用于安装在住宅和商业建筑的楼寓对讲系统，这是楼寓对讲系统的专业标准。

本部分的主要内容包括9章：第1~3章主要为范围、规范性引用文件、术语、定义和缩略语；第4章为典型楼寓对讲系统的组成；第5~6章为功能、性能要求；第7~9章为试验方法、说明文件和检验规则。本节将围绕有关楼寓对讲系统的通用技术要求进行基本介绍。

3.8.1 常用术语

本标准的常用术语如表3-11所示。

表3-11 标准常用术语

序号	名词术语	英文名	定义
1	楼寓对讲系统	Building Intercom System（BIS）	用于住宅及商业建筑，具有选呼、对讲、可视（如有）等功能，并能控制开锁的电子系统
2	访客呼叫机	Visitor Call Unit（VCU）	安装在受控建筑入口处，能选呼用户接收机和管理机，并能实现对讲、摄像（如有）和控制开锁的装置
3	用户接收机	User Receiver Unit（URU）	能被访客呼叫机或管理机选呼，实现对讲、可视（如有），并能控制访客呼叫机开锁的装置
4	管理机	Management Unit（MU）	一种供管理员使用的，能与访客呼叫机、用户接收机双向选呼、对讲，并能控制访客呼叫机开锁的装置
5	辅助装置	Auxiliary Device	用于辅助实现楼寓对讲系统相关功能的装置，如用于系统的通信传输、远程控制、与第三方设备接口集成等
6	仿真嘴	Artificial Mouth	一种符合GB/T 15279—2002中5.1.5要求的模拟发声装置，其发声特性类似平均人嘴的方向性和辐射模式
7	仿真耳	Artificial Ear	一种供校准受话器用的装置，内有声耦合器和经过校准用来测量声压的传声器。其总体声阻抗在给定的频带内类似平均人耳的总体声阻抗，其特性符合GB/T 15279—2002中5.1.6要求
8	全程响度评定值	Overall Loudness Rating（OLR）	从发送端嘴参考点到接收端耳参考点直接通道的响度度量值，单位为dB
9	音频失真	Acoustic Distortion	接收端声信号因系统非线性及噪声而引起的失真，以百分比（%）表示
10	通道信噪比	Channel S/N	在发送端标称声压的激励下，接收端的信号与噪声的声压比，单位为dB

续表

序 号	名词术语	英文名	定 义
11	侧音掩蔽评定值	Sidetone Masking Rating（STMR）	考虑人头对侧音的掩蔽效应后的侧音响度的度量，单位为dB
12	空闲信道噪声	Idle Channel Noise	信道建立通话后，当无测试信号传输时在接收端测得的噪声，单位为dB（A）

3.8.2 基本功能要求

1. 未配置管理机的系统功能要求

（1）呼叫：访客呼叫机（行业称为门口机）应能呼叫用户接收机（行业称为室内机）。呼叫过程中，访客呼叫机应有听觉和/或视觉的提示；用户接收机收到呼叫信号后，应能发出听觉和视觉的提示。

（2）对讲：系统应具有双向通话功能，对讲语音应清晰、连续且无明显漏字。系统应限制通话时长以避免信道被长时间占用。

（3）开锁：系统应具有电控开锁功能，用户应能通过接收机识别访客并手动控制开锁。

系统也可以通过以下方式实现开锁：

① 访客呼叫机可以提供一种方法让有权限的用户直接开锁，如通过密码、感应卡或其他方式。

② 出门按键或开关所发出的信号。根据不同等级的安全防范要求，出门按键可以是简单的开关或者复杂的密码开关等。

③ 其他信号，如火灾告警信号、楼寓疏散信号等。

（4）夜间操作：访客呼叫机应能提供夜间按键背光、摄像头自动补光功能，方便使用者夜间操作。

（5）可视：具有可视功能的用户接收机应能显示由访客呼叫机摄取的图像。

（6）操作提示：系统应有操作信息的提示。

（7）防窃听功能：访客呼叫机和用户接收机建立通话后，语音不应被系统中其他用户接收机窃听。

（8）门开超时告警：当系统电控开锁控制的门体开启时间超过系统预设的时间时，应有告警提示信息。

（9）防拆：当访客呼叫机被人为移离安装表面时，应立即发出本地听觉告警提示。

2. 配置管理机的系统功能要求

除应满足上述要求外，还应符合以下要求：

（1）管理机应能选呼用户接收机，访客呼叫机和用户接收机应能呼叫管理机，多台管理机之间应能正确选呼。所有呼叫应有相应的呼叫和应答提示信号，提示信号可以是听觉和视觉的。

（2）管理机应具有与访客呼叫机、用户接收机可视对讲功能，多台管理机之间应具有对讲功能。

（3）管理机应能控制访客呼叫机实施电控开锁。

（4）具有可视功能的管理机应能显示访客呼叫机摄取的图像。

（5）当管理机与访客呼叫机、用户接收机通话时，语音不应被系统中其他用户接收机窃听。

3.8.3 基本性能要求

1. 音频特性

（1）全程响度评定值。在200～4 000 Hz范围内的全程响度评定值应满足下列要求：

① 访客呼叫机端：20_{-5}^{+10} dB。

② 采用免提通话方式的用户接收机、管理机端：23_{-5}^{+10} dB。

③ 采用手柄通话方式的用户接收机、管理机端：15±5dB。

（2）音频失真。当激励声压为0 dBPa时，音频失真满足下列要求：

① 访客呼叫机、采用免提通话方式的用户接收机和管理机端：应不大于10%。

② 采用手柄通话方式的用户接收机和管理机端：应不大于7%。

（3）通道信噪比。当激励声压为0 dBPa时，通道信噪比满足下列要求：

① 访客呼叫机、采用免提通话方式的用户接收机和管理机端：应不小于25 dB。

② 采用手柄通话方式的用户接收机和管理机端：应不小于30 dB。

（4）侧音掩蔽评定值。采用手柄通话方式时，手柄端的侧音掩蔽评定值应不小于5 dB。

（5）空闲信道噪声：

① 访客呼叫机端、采用免提通话方式的用户接收机和管理机端：应不大于45 dB（A）。

② 采用手柄通话方式的用户接收机和管理机端：应不大于48 dB（A）。

（6）振铃声压：振铃声压不小于73 dB（A）且不大于106 dB（A）。

2. 视频特性

（1）图像分辨力：分为黑白图像分辨力和彩色图像分辨力。

① 黑白图像分辨力：应不小于250 TVL。

② 彩色图像分辨力：显示屏小于4.0英寸（1英寸=25.4 mm）时，应不小于130 TVL；显示屏不小于4.0英寸时，应不小于220 TVL。

（2）灰度等级应不小于8级。

（3）对于彩色可视系统，显示图像的颜色与被拍摄物对比，在同等色温环境下应无明显偏色。

（4）在环境照度0.5 lx时，系统的图像分辨力应满足上述要求。

3.8.4 安全性、电磁兼容性要求

1）安全性

（1）系统各组成设备的电源插头或电源引入端与外壳裸露金属部件之间应能承受抗电强度试验，历时1 min应无击穿和飞弧现象。

（2）系统各组成设备的电源插头或电源引入端与外壳裸露金属部件之间的绝缘电阻，在湿热条件下应不小于5 MΩ。

（3）交流供电的系统各组成设备，漏电电流应不大于5 mA（AC、峰值）。

（4）在易于导致系统损坏的故障条件下，系统各组成部分不应引起燃烧，也不应使设备内部电路损坏。系统应能保证用户的安全，但允许损失部分功能。

（5）用户接收机发生任何故障均不应影响由辅助装置与之隔离的其他用户接收机工作。

2）电磁兼容性

系统应能承受以下电磁干扰的影响：

（1）电源电压暂降和短时中断抗扰度。

（2）静电放电抗扰度。

（3）射频电磁场辐射抗扰度。
（4）射频场感应的传导骚扰抗扰度。
（5）电快速瞬变脉冲群抗扰度。
（6）浪涌（冲击）抗扰度。

3.8.5 标志和机械结构要求

1. 系统设备的标志应满足的要求

（1）系统中的设备应有清晰、永久的标志，包括制造厂名称或公司名称、产品型号、序列号或批号、产品参数等。如果无法在产品本体上标识，则应在使用说明书中给出。

（2）手动控制装置应有清晰的用途标识。接线端子附近应有字母或数字的标识。连线应有编号、颜色或其他的标识。

（3）标志应有耐擦性，擦拭后，标志应仍清楚可辨，标牌应不能被轻易揭掉，而且不得出现卷边。

2. 系统各组成部分的机械结构应满足的要求

（1）按键、开关等类似部件应便于用户操作。

（2）按键、开关等类似部件应灵活可靠，正常使用情况下零部件应紧固无松动，不会造成危险。

（3）系统安装后，在正常使用情况下，访客呼叫机、用户接收机和管理机的接线端子应不能被用户接触到。

3.9 GA/T 74—2017《安全防范系统通用图形符号》简介

本标准规定了安全防范系统技术文件中使用的图形符号，适用于安全防范工程设计、施工文件中的图形符号的绘制和标注。本节将主要选取介绍有关出入口控制系统、停车场系统、可视对讲系统的相关图形符号，如表3-12所示。

表3-12 安全防范系统图形符号

序 号	名 称	英 文	图形符号
1	读卡器	Card Reader	
2	键盘读卡器	Card Reader With Keypad	KP
3	指纹识别器	Finger Print Identifier	
4	指静脉识别器	Finger Vein Identifier	
5	掌纹识别器	Palm Print Identifier	
6	掌形识别器	Hand Identifier	

单元 3　出入口控制系统工程常用标准简介

续表

序号	名　称	英　文	图形符号
7	人脸识别器	Face Identifier	
8	虹膜识别器	Iris Identifier	
9	声纹识别器	Voice Pinnt Identifier	
10	电控锁	Electronic Control Lock	 EL
11	卡控旋转栅门	Turnstile	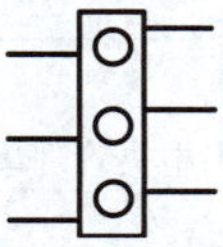
12	卡控旋转门	Revolving Door	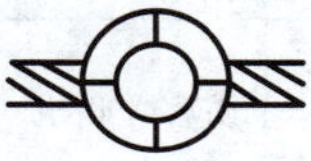
13	卡控叉形转栏	Rotary Gatet	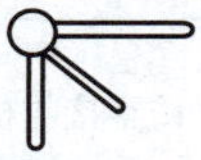
14	电控通道闸	Turnstile Gate	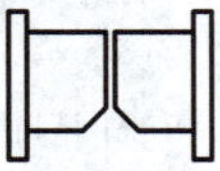
15	开门按钮	Open Button	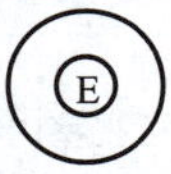 E
16	应急开启装置	Emergency Open Device	
17	出入口控制器	Access Control Unit	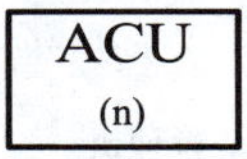 ACU (n)
18	车辆信息识别装置（读卡器）	Vehicle Information Indentificating Device (Card Reader)	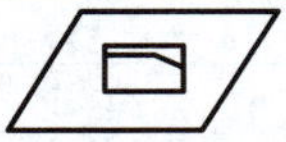
19	车辆信息识别装置（摄像机）	Vehicle Information Identificating Device (Camera)	
20	车辆检测器	Vehicle Detector	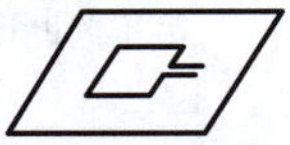
21	声光提示装置	Audio And Light Indicating Device	
22	车辆引导装置	Vehicle Guiding Device	

95

续表

序号	名称	英文	图形符号
23	车位信息显示装置	Parking Information Display Device	
24	车位检测器	Parking Lot Detector	
25	自动出卡/出票、收卡/验票装置	Automatic Card/Ticket Device	
26	收费指示装置	Charge Indicating Device	CASH
27	挡车器	Barrier Gate	
28	中央管理单元	Central Management Unit	CMU
29	访客呼叫机	Visitor Call Unit	
30	访客接收机	User Receiver Unit	
31	可视门口机	Outdoor Video Unit	
32	可视室内机	Indoor Video Unit	
33	辅助装置	Auxiliary Device	AD
34	管理机	Management Unit	MU
35	双电源切换电器	Automatic Transfer Switching Equipment	TSE
36	交流不间断电源	Uninterrupted Power Supply	UPS
37	交换机	Switchboard	SW
38	路由器	Router	Router

典型案例6　ETC停车与无感支付停车

近年来，我国智慧停车系统行业借鉴并汲取了国内外先进的技术和理念，加上自主研发的新技术，渐渐地让停车场走向了无人值守的智能停车场。为了适用市场需求让用户有更多的选择，无人值守的停车场系统需要有一些智能化的功能，来满足车友在不同场所的需求。目前比较主流的发展方向为ETC停车与无感支付车。

1. ETC停车

ETC（Electronic Toll Collection），不停车电子收费系统，是指车辆在通过收费站时，通过车载设备实现车辆识别、信息写入（入口）并自动从预先绑定的IC卡或银行账户上扣除相应资金（出口），是国际上正在努力开发并推广普及的一种用于道路、大桥和隧道的电子收费系统。2019年5月10日，取消省界收费站后，车辆的身份识别、路径记录和不停车收费主要依靠ETC车载装置实现，因此加快ETC推广普及至关重要。同时，鼓励ETC在停车场等涉车场所应用，使ETC车载装置发挥更多功能，方便用户。

随着ETC系统建设的发展、联网和大范围普以及ETC从高速路口走进城市，实现一卡多用、联网通用，完成更多停车应用场景覆盖是水到渠成的事。与此同时，借助城市停车行业生态圈的力量，快速开通ETC城市停车场应用场景，也将会与高速公路形成相互促进的模式，加速扩张ETC的用户规模。

停车，作为智慧交通中重要的一环，有着高频、刚需的特性，是车主车生活中最为频繁、重要的场景之一。ETC不仅是一种技术，还提供了一种绿色便利、减员增效的先进管理服务模式。ETC从高速走进城市，在停车领域的应用和普及，以及满足人们停车需求、缓解社会停车矛盾的同时，也将进一步拓宽智慧停车市场，优化社会资源配置，提升城市形象，为我国解决停车难的问题提供一个成效显著的创新样本。

作为我国高速公路上最先进的不停车电子收费技术，ETC应用的短程微波通信技术受环境影响小，但车牌识别技术遇到雨雪等天气时，其识别率就会受到影响。另外，ETC技术经过多年的发展，已经形成了一套成熟的国家技术标准和密钥体系，且运营单位都是实力雄厚的国企，用户预存资金和结算都有安全保障。而且，随着ETC全国联网和普及，车主只要装了ETC标签，就可以轻松上高速公路，进出停车场，无感通行，自动缴费。

ETC停车能够同时具备自动识别和交通电子支付两大基础功能，可以实现全自动通行管理和高效服务，打通城际交通与城市交通，解决当前停车服务体验差、效率低、运营成本高、信息孤岛等痛点，无疑是新一代智慧停车的发展方向。

2. 无感支付停车

"无感支付"停车技术，是车牌识别与快捷支付双重技术高度整合的一项技术。车主首次使用前，通过相关手机App、公众号等签约绑定银行卡账户与车牌号，开通免密支付，便可在进出签约停车场时，无须停车、取卡、交卡，无须扫码或现金缴费，实现车辆进出停车场自动抬杆和自动扣费。

"无感支付"采用的是"车牌付"形式，这种更智能的"无感支付"模式，可以真正实现人、车、服务的无缝连接，能够为用户提供更加高效、便捷的通行服务。在"无感支付"停车场景中，"智能判断和图像识别"是"无感支付"的基础。智能前端设备会自动判断动作、识别车牌、完成取证，然后利用App提示车主当前状态，自动从车主绑定的账户里扣取停车费。

"无感支付"概念并不新鲜，2017年支付宝在上海浦东机场推出"无感支付"停车场，让这一概念在交通出行领域快速落地。据支付宝官方数据，上海虹桥机场T1、T2航站楼日常总流量接近30 000次，引入"无感支付"技术后，每辆车离开的通行时间从10秒降到了不足2秒，停车场整体效率提升了数倍。目前，上海浦东机场、深圳宝安机场、港珠澳大桥珠海口岸停车场等陆续开通无感支付服务。据不完全统计，目前微信、支付宝、中国银联、民生银行、建设银行、中信银行、招商银行等均已通过与智慧停车企业合作、入股等形式，涉足停车场无感支付，抢滩万亿智慧停车市场。

　　"无感支付"技术面临的真正挑战或许是如何防止利用假牌、套牌、跟车等的逃费行为。目前行业内也有一些应对方法，如结合车牌、车型、车身颜色、车内摆件等特征识别技术，而且准确率达到了较高的水平。当然，随着效果提升，成本也会相应增加。

　　基于移动支付技术的"无感支付"，其优点在于非常开放、与社会应用结合紧密、操作简单。

课程思政2　宝剑锋从磨砺出——记西安雁塔工匠纪刚

　　记者见到西安开元电子实业有限公司新产品试制组组长纪刚时，他正在整理手中的资料。公司董事长王公儒说，纪刚是踏实肯干的好员工。

学习是成长的必需品

　　纪刚从学徒成长为技师，从技师再到雁塔工匠、劳模、研发团队的骨干。谈到学习，纪刚说，自己学历不高，想要取得成绩，就只能自己努力学习，靠自己奋斗来实现。技校毕业后，纪刚就来到了西安开元电子实业有限公司当学徒。在师傅的指点下，纪刚白天学习技术，晚上学习理论。每天完成8小时的工作后，都给自己加班，每周末还会去书店买书，有时在书店一待就是一天。

　　一次，公司派纪刚去培训，对方是一位常带研究生的老教授，第一次见面，对方因学历就否定了纪刚。那时的纪刚是个技工，听到对方回答后，他并没有气馁，继续努力，很多粗活纪刚都抢着干，慢慢地，老教授开始指点纪刚，在老教授的指点下纪刚进步很快。

　　2012年，纪刚参与了《计算机应用电工技术》的编写，为了跟上大家的步伐，他对很多理论又进行了一次重温，对于很多新的技术，他会向徒弟请教。

　　同事谈起纪刚这样说："别看纪工平时很少说话，谈起他新学的知识，会滔滔不绝。"

公司技术的核心人物

　　宝剑锋从磨砺出，梅花香自苦寒来。15年的勤奋努力和执着追求，纪刚在技术上已成为公司的"领头羊"。提起他的名字，公司里人人交口称赞。西安开元电子实业有限公司主要从事高教和职教行业教学实训装备的创新研发、生产和销售，每一项新产品的研发和创新，纪刚都参与其中。他参与的技术创新，专利技术产品的营业收入占公司总营业收入的70%。

　　2012年以来，纪刚利用公司为第42届世界技能大赛官方赞助商和设备提供商的机会，努力学习和钻研世界技能大赛的先进技能，带领团队改进了10项操作方法和生产工艺，提高生产效率两倍，直接降低生产成本超百万元。

　　工作研发中，纪刚先后获得14项国家专利。其中在研发光纤配线端接实验仪时，他自费购买了专业的资料，利用节假日勤奋钻研。一年的时间，四次修改电路板，五次改变设计图纸和操作工艺，最终获得国家发明专利，产品使用寿命超过5000次，每年实现营收约500万元。

本文摘录自2019年3月13日《劳动者报》，进行了缩减改编。原文作者劳动者报记者殷博华。更多纪刚劳模先进事迹的媒体报道和Word版介绍资料，请访问中国铁道出版社有限公司网站（http://www.tdpress.com/51eds/）下载。

习　　题

1. 填空题（10题，每题2分，合计20分）

（1）"_____是工程师的语言，_____是工程图样的语法"，离开标准无法设计和施工。（参考3.1.1知识点）

（2）安全技术防范系统中宜包括安全防范综合管理平台和_____、视频安防监控、入侵报警、访客对讲、停车场安全管理等系统。（参考3.2.2知识点）

（3）出入口控制系统的设备应有强制性产品认证证书和_____，或进网许可证、_____、检测报告等文件资料。（参考3.3.2知识点）

（4）出入口控制系统应采用_____和（或）_____方式，对目标进行识别。（参考3.5.2知识点）

（5）出入口控制系统可选择使用_____出入控制方式或_____出入控制方式的组合。（参考3.5.2知识点）

（6）停车场安全管理系统应根据安全技术防范管理的需要，采用_____和（或）_____方式对出入车辆进行识别。（参考3.5.3知识点）

（7）进口设备应有国家商检部门的有关_____。（参考3.3.2知识点）

（8）住宅小区安全防范工程的设计，应遵循从_____有机结合的原则，在设置物防、技防设施时，应考虑人防的功能和作用。（参考3.5.4知识点）

（9）住宅小区的安全防范工程由低到高分为_____、_____和_____三种类型。（参考3.5.4知识点）

（10）识读设备与控制器之间的通信用信号线宜采用_____（参考3.6.6知识点）

2. 选择题（10题，每题3分，合计30分）

（1）控制器与读卡机间的距离不宜大于（　　），警报灯与检测器的距离不应大于（　　）m。（参考3.3.2知识点）

　　A. 50 m　　　　B. 25 m　　　　C. 15 m　　　　D. 10 m

（2）感应线圈埋设位置应居中，与读卡器、闸门机的中心间距宜为（　　）m。（参考3.3.2知识点）

　　A. 0.3～0.8　　　　　　　　B. 0.4～1.2
　　C. 0.5～2.4　　　　　　　　D. 0.9～1.2

（3）车位状况信号指示器应安装在车道出入口的明显位置，安装高度应为（　　）m。（参考3.3.2知识点）

　　A. 1～1.4　　　　　　　　B. 1.5～2
　　C. 2～2.4　　　　　　　　D. 2.5～3

（4）出入口系统各组成部分相关设备抽检的数量不应低于（　　），且不应少于（　　）

台。(参考3.4.2知识点)

  A. 20% B. 30% C. 2 D. 3

(5)门口机操作面板的安装高度,离地不宜高于(　　),安装位置(　　)访客。(参考3.5.4知识点)

  A. 1.5 m B. 1.8 m C. 面向 D. 背向

(6)室内机安装位置宜选择在出入口的(　　),安装牢固,其高度离地(　　)。(参考3.5.4知识点)

  A. 外墙 B. 内墙

  C. 1.4~1.6 m D. 1.6~1.8 m

(7)门磁开关及出门按钮与控制器之间的通信用信号线,线芯最小截面积不宜小于(　　)mm²。(参考3.6.6知识点)

  A. 0.3 B. 0.5 C. 0.75 D. 1.0

(8)控制器与执行设备之间的绝缘导线,线芯最小截面积不宜小于(　　)mm²。(参考3.6.6知识点)

  A. 0.3 B. 0.5 C. 0.75 D. 1.0

(9)控制器与管理主机之间的通信用信号线宜采用双绞铜芯绝缘导线,其线径根据传输距离而定,线芯最小截面积不宜小于(　　)mm²。(参考3.6.6知识点)

  A. 0.3 B. 0.5 C. 0.75 D. 1.0

(10)停车场系统管理软件事件信息保存时间应不少于(　　)年;出入口和场区内的图像保存时间应不少于(　　)天。(参考3.7.3知识点)

  A. 1 B. 2 C. 15 D. 30

3. 简答题(5题,每题10分,合计50分)

(1)概述标准对要求严格程度不同的用词说明。(参考3.1.2知识点)

(2)请写出出入口控制系统工程常用的主要标准,按照标准编号—年号、标准全名顺序填写,至少写5个,每个2分。(参考3.1.3知识点)

(3)出入口控制系统的调试至少包括哪些内容?(参考3.5.2知识点)

(4)停车场安全管理系统的调试应至少包括哪些内容?(参考3.5.3知识点)

(5)简述基本型住宅小区可视对讲系统设计要求。(参考3.5.4知识点)

笔记栏

单元 3　出入口控制系统工程常用标准简介

实训项目5　电线电缆冷压接训练

1. 实训任务来源
电线电缆是出入口控制系统、停车场系统和可视对讲系统常用的传输线缆，如果电线电缆冷压接得不规范，将直接导致系统信号不能传输，同时给日后的系统维护与检查带来很多麻烦。

2. 实训任务
每人独立完成24根不同线型电线电缆的冷压接，并测试通过。

3. 技术知识点
（1）电线电缆的规格型号，RV电线指软电线，BV电线指硬电线。
（2）针对不同类型的冷压端子，应选用不同的冷压钳压接。

4. 关键技能
（1）利用剥线钳剥线时注意选择合理的剥线豁口，不要损伤线芯。
（2）利用压线钳进行压线时，注意压接可靠牢固。
（3）利用螺丝刀进行线缆与端子连接时，注意端接可靠牢固。
（4）掌握剥线钳、冷压钳的正确使用方法。

5. 实训课时
（1）该实训共计2课时完成，其中技术讲解和视频演示20分钟，学员实际操作50分钟，测试与评判10分钟，实训总结、整理清洁现场10分钟。
（2）课后作业2课时，独立完成实训报告，提交合格实训报告。

6. 实训指导视频
ACS-实训31-电线电缆冷压接训练

7. 实训设备
"西元"智能可视对讲系统实训装置，产品型号KYZNH-04-2。

本实训装置专门为满足可视对讲系统的工程设计、安装调试等技能培训需求开发，配置有电工压接实训装置等端接基本技能训练设备，特别适合学生认知和技术技能实操训练，能够在真实的应用环境中进行工程安装实践，理实合一。

图3-4所示为西元电工压接实训装置。本装置特别适合电工压接线方法实训，掌握电工压接线基本操作技能。设备接线端子和指示灯的工作电压为≤12 V直流安全电压。

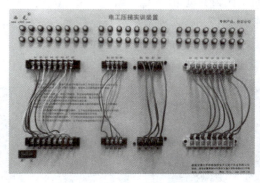

图3-4　西元电工压接实训装置

101

图3-5所示为西元电工器材展示柜,产品型号KYZNH-94。

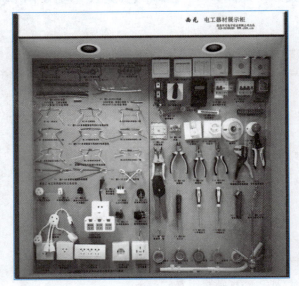

图3-5　西元电工器材展示柜

西元电工器材展示柜以王公儒主编的《计算机应用电工技术》教材为理论依据,精选典型器材和工具进行实物展示,展品编号与教材中的图号一一对应,全面展示了电气工程安装、测试与维护中常用的器材,方便学习和快速记忆。展品共计为四类76种,主要包括电线电阻类17种,插头插座类16种,开关灯具类19种,工具类24种。

8. 实训材料和工具

实训材料:西元电工配线端接实训材料包。

实训工具:西元智能化系统工具箱,型号KYGJX-16。

9. 实训步骤

1)预习和播放视频

课前应预习,初学者提前预习,请扫描二维码观看实操视频,请多次认真观看,熟悉主要关键技能和评判标准。

2)电线电缆冷压接步骤和方法

这里以多芯软线电缆的压接为例进行详细介绍。

(1)裁线:取出多芯软线电缆,按照所需线缆长度用剪刀裁线。

(2)剥除护套:使用电工剥线钳,剥去线缆两端的护套。注意不要划透护套,避免损伤线芯,如图3-6所示。剥除护套长度宜为6 mm。

图3-6　用剥线钳剥除护套

（3）将剥开的多芯软线用手沿顺时针方向拧紧，套上冷压端子，如图3-7所示。

图3-7　套上冷压端子

（4）用电工压线钳将冷压端子与导线压接牢靠，如图3-8所示。
（5）压接另一端冷压端子。重复上述步骤，完成线缆另一端冷压端子的压接。
（6）将两端压接好冷压端子的导线接在电工压接实训装置面板上相应的接线端子中，拧紧螺钉，如图3-9所示。

说明：
① 实训中针对不同直径的线缆，选用剥线钳不同的豁口进行剥线操作。
② 实训中针对绝缘和非绝缘冷压端子，采用不同的冷压钳压接。

图3-8　压接冷压端子　　　　　　　　图3-9　将线缆接在接线端子上

（7）压接线测试。
① 确认各组压接线安装位置正确，冷压端子与接线端子可靠接触。
② 观察上下对应指示灯闪烁情况。
- 导线压接可靠且安装位置正确时，上下对应的接线端子指示灯同时反复闪烁。
- 导线任意一端压接开路时，上下对应的接线端子指示灯不亮。
- 导线安装错位时，上下错位的接线端子指示灯同时反复闪烁。

10. 评判标准

（1）每根电缆10分，24根电缆240分。通断测试不合格，直接给0分，操作工艺不再评价。
（2）操作工艺评价详见表3-13。

表3-13　电线电缆冷压接训练评判表

评判项目 姓名/编号	冷压接测试 合格100分 不合格0分	操作工艺评价（每处扣2分）					评判结果得分	排名
		电缆过长或过短	线芯损伤	线芯过长或过短	冷压端子不匹配	冷压接不可靠		

11. 实训报告

按照单元1表1-1所示的实训报告要求和模板，独立完成实训报告，2课时。

单元 4

出入口控制系统工程设计

本单元重点介绍出入口控制系统、停车场系统和可视对讲系统工程的设计原则、设计任务、设计要求，详细介绍了停车场系统的设计内容。

学习目标：
- 熟悉出入口控制系统、停车场系统和可视对讲系统工程的基本设计原则和具体设计任务。
- 掌握停车场系统工程的主要设计内容和设计方法。

4.1 设计原则和流程

4.1.1 设计原则

1. 规范性和实用性

系统设计应基于对现场的实际勘察，包括环境条件、出入管理要求、各受控区的安全要求、投资规模、维护保养以及识别方式、控制方式等因素。系统设计应符合有关风险等级和防护级别标准的要求，符合有关设计规范、设计任务书及建设方的管理和使用要求，同时充分考虑实用性。

2. 先进性与互换性

系统的设计在技术上应有适度超前性，可选用的设备应有互换性，为系统的增容或改造留有余地。

3. 准确性与实时性

系统应能准确实时地对出入目标的出入行为实施放行、拒绝、记录和报警等操作。停车场系统应能准确实时地对车辆的出入行为实施放行、拒绝、记录和报警等操作，对停车场收费计算准确，统计、查询无误。

4. 联动性与兼容性

系统应能与报警系统、视频监控系统、消防系统等联动，当与其他系统联合设计时，宜建立系统集成平台，使各子系统之间既能互相兼容，又能独立运行。

5. 开放性与安全性

系统设计应具有较好的开放性，宜考虑提供与报警系统、视频安防监控系统等系统实现联动管理或留有相应的接口，满足互联要求和信息共享要求。系统的设计应符合有关风险等级和防护级别标准的要求，满足出入安全管理要求。

4.1.2 设计流程

出入口控制系统、停车场系统和可视对讲系统工程的主要设计流程如图4-1所示。

图4-1　主要设计流程图

（1）编制设计任务书：根据系统项目的实际需求和建设规划，编制系统的设计任务书，明确工程建设的目的及内容、功能性能要求等。

（2）现场勘察：设计单位应会同相关单位进行现场勘察，充分了解建设现场情况。

（3）初步设计：设计单位根据设计任务书、设计合同和现场勘查报告对出入口控制系统进行初步设计。

（4）方案论证：初步设计完成，建设方应组织专家对初步方案进行评审论证。

（5）深化设计：在初步设计文件的基础上，采用文字和图纸的方式详细、量化、准确地表达建设项目的设计内容。

4.2　主要设计任务和要求

下面根据国家现行相关标准的规定，结合实际工程设计经验，介绍出入口控制系统、停车场系统和可视对讲系统工程的主要设计任务和具体要求。

4.2.1　编制设计任务书

设计任务书是确定系统建设方案的基本依据，是设计工作的指令性文件。设计任务书可以由建设单位编制，也可以由建设单位委托具备相应能力的设计/咨询单位编制，如出入口控制系统（停车场系统/可视对讲系统）集成商、设计单位等。

设计任务书主要包括以下内容：

1. 任务来源

任务来源包括由建设单位主管部门下达的任务、政府部门要求的任务、建设单位自提的任务，任务类型可分为新建、改建、扩建、升级等。

2. 政府部门的有关规定和管理要求

系统的建设必须符合国家有关法律、法规的规定，系统的防护级别应与被防护对象的风险等级相适应。系统的各项功能和性能等应遵循国家和行业的相关现行标准和规定。

3. 建设单位的安全管理现状与要求

根据建设单位的规模布局、功能要求等实际情况确定系统。例如，根据建设单位的规模和投资，选择不同功能类型的系统设计方案。也可根据建设区域的物防情况、人防情况和其他技防手段等情况确定合适的设计方案。

4. 工程项目的内容和要求

项目的内容和要求应包括功能需求、性能指标、安全需求、培训和售后服务要求等。例如，对各种可能的人员进出授权要求、授权人员通行要求、通行方式要求、授权凭证的要求等，还可以进行已入/已出、停留人员统计、逃生时的通过要求等。

5. 工程投资控制及资金来源

系统工程建设费用通常包括设计费用、器材设备费用、安装施工费用、检测验收费用等，建设经费要进行控制、核算，建设方要求各相关单位提供计算费用清单和相应说明，同时，建设单位需要对资金来源做出必要说明。

4.2.2 现场勘察

在进行出入口控制系统、停车场系统和可视对讲系统工程设计前，设计单位需要对建设现场与设计有关的情况进行调查和考察。

1. 现场勘察应符合的规定

1）调查建设对象的基本情况

建设对象的风险防范等级与防护等级，人防、物防与技防建设情况，建设对象所涉及的建筑物、构筑物或其群体的基本情况等。例如，建筑物的建筑平面、功能分配、管道与供配电线路布局、墙体及周边情况等。

2）调查和了解建设对象所在地及周边的环境情况

地理、气候、雷电灾害、电磁等自然环境和人文环境等情况。例如，建设对象周围的地形、交通情况及房屋状况。工程现场一年中温度、湿度、风雨等的变化情况和持续时间等，特别关注暴雨及附近道路的排水情况，在设计中加强防雨水倒灌措施。

3）调查和了解建设区域内与工程建设相关的情况

与系统建设相关的建筑环境情况、防护区域情况、配套设施情况等，例如，周界的形状、长度及已有的物防设施情况，防护区域内所有出入口位置、通道长度、门洞尺寸，防护区域内各种管道、强弱电竖井分布及供电实施情况等。

4）调查和了解建设对象的开放区域的情况

人员密集场所的位置、面积、周边环境、应急措施；开放区域内人员的承载能力及活动路线；开放区域出入口位置、数量、形态等。

5）调查和了解重点部位和重点目标的情况

枪支等武器、弹药、危险化学品、民用爆炸物品等物质所在的场所及其周边情况；电信、广播电视、供水、排水、供电、供气、供热等公共设施所在场所及其周边情况等。

2. 编制现场勘察报告

现场勘察结束后应编制现场勘察报告，现场勘察报告的内容应包括项目名称、勘察时间、参加单位及人员、项目概况、勘察内容、勘察记录等。

4.2.3 初步设计

1. 初步设计的依据

（1）设计任务书或工程合同书。
（2）现场勘察报告。
（3）现行国家标准与规范。
（4）国家和地方政府相关法律法规规定。

2. 初步设计文件

（1）初步设计说明。
（2）初步设计图纸。

（3）主要设备和材料清单。
（4）工程概算书等。

3. 初步设计说明主要内容

（1）系统总体设计：根据建设单位的项目概况进行需求分析、风险评估，协商确定工程设计的总体设计构思。例如，出入口控制系统体系的构架、主要配置，停车场系统体系的构架和配置、系统的出入口数量，可视对讲系统体系的构架和配置、系统的类别和区域划分等。

（2）功能设计：需要确认各部分设备功能、设备选型、设计设备安装位置，并且进行较为详细的说明，例如系统出入凭证识别技术的确定、设备的型号及数量、出入口人行道闸的安装位置等。

（3）信息传输设计：需要确认系统信号的传输方式、路由及管线敷设方式等，例如选择和设计传输线缆，满足设备连接需要，包括网络双绞线、多芯线电缆等，并且说明线缆敷设注意事项和方法等。

（4）供电设计：根据系统各部分设备的安装位置和供电需求，确认系统的供电方式、供电路由、供电设备等。

（5）系统性能设计：确认系统安全性、可靠性、电磁兼容性和环境适应性要求，例如各部分设备安装应满足安全性要求，安装应牢固可靠等；设备安装在室外时，应满足环境适应性要求，应具有防风、防雨等特点或措施。

（6）管理中心设计：管理中心的位置和空间布局、管线敷设和设备布局、自身防护措施等，如面积需求、设备的安装位置、应设置视频监控和出入口控制装置等。

4. 初步设计图纸

初步设计图纸包括总平面图、系统图、设备器材平面布置图、系统干线路由平面图、管理中心/设备布局图等。

设计图纸应符合下列规定：

（1）图纸应符合GB/T 50104—2010《建筑制图标准》等国家制图相关标准的规定，标题栏应完整，文字应准确、规范，应有相关人员签字，设计单位盖章。

（2）图例应符合GA/T 74—2017《安全防范系统通用图形符号》等国家现行标准的规定。

（3）系统图应包括以下内容：
① 主要设备类型及配置数量。
② 系统信号传输方式、设备连接关系、线缆规格。
③ 供电方式。
④ 接口方式，也包括与其他系统的接口关系。
⑤ 必要的说明，帮助安装和运维人员快速理解系统架构。

（4）平面图应包括以下内容：
① 设备安装位置，同时应标明设备的具体布设位置、设备类型和数量等。
② 系统连接缆线路由和具体走向等，线缆走向设计必须与主干缆线的路由相适应，并且进行详细的标注和说明，帮助安装和运维人员快速理解，正确安装和运维。
③ 必要的说明，包括具体安装位置、固定方式等。

5. 主要设备和材料清单

主要设备和材料清单包括系统拟采用的主要设备材料名称、规格、主要技术参数、数量等，主要设备和材料清单一般为表格。

6 工程概算书

按照工程内容，根据GA/T 70—2014《安全防范工程建设与维护保养费用预算编制办法》或最新工程概算编制办法等现行相关标准的规定，编制工程概算书。

4.2.4 方案论证

方案论证一般由一定数量的专家组成评审专家组，专家应具有出入口控制系统、停车场系统和可视对讲系统技术、经济、安防等方面的专业知识和经验，对初步设计方案进行评审，并出具评审意见，它是保证工程设计质量的一项重要措施。方案论证的评价意见是进行工程项目施工图设计的重要依据之一。

1. 方案论证应提交的资料

（1）设计任务书。
（2）现场勘察报告。
（3）初步设计文件。
（4）主要设备材料的型号、品牌、检验报告或认证证书。

2. 方案论证应包括的内容

（1）系统设计内容是否符合设计任务书和合同等要求。
（2）系统现状和需求是否符合实际情况。
（3）系统总体设计、结构设计是否合理准确。例如，出入口控制系统的人行通道数量、位置是否合理等。
（4）系统功能、性能设计是否满足需求。例如，系统设备选型、设备功能、安装位置是否满足需求，系统信号的传输方式、路由及缆线敷设方案是否合理等。
（5）系统设计内容是否符合相关的法律法规、标准等的要求。
（6）实施计划与工程现场的实际情况是否合理。例如，建设工期是否符合工程现场的实际情况和满足建设单位的要求，提供施工进度表。
（7）工程概算是否合理。

方案论证应对论证的内容做出评价，以通过、基本通过、不通过意见给出明确结论，并且提出整改意见，并经建设单位确认。

4.2.5 深化设计

深化设计是设计方或承建方依据方案论证的评价结论和整改意见，对初步文件进行完善的一种设计活动。

1. 深化设计的依据

（1）初步设计文件。
（2）方案论证中提出的整改意见和建设单位确认的整改措施。

2. 深化设计的目的

（1）针对整改要求和更详细、准确的现场环境信息，修改、补充、细化初步设计文件的相关内容，满足设备材料采购、非标准设备制作和施工的需求。
（2）结合系统构成和选用设备的特点，进行全面的图纸修改、补充、细化设计，确保系统的互联互通，着重体现系统配置的可实施性。

3. 深化设计的内容

深化设计在原有初步设计文件的基础上，再次完善如下内容：

（1）对系统设计进行充实和完善，包括系统的用途、结构、功能、性能、设计原则、系统点数表、系统及主要设备的性能指标等。例如，设备接口必须对应统一，传输协议一致，功能满足要求等。

（2）对系统的实施进行细化完善，包括系统的施工要求和注意事项，如布线、设备安装等。

（3）对初步设计系统图进行充实和完善，详细说明系统配置，标注设备数量，补充设备接线图，完善系统内的供电设计等。

（4）平面图应正确标明设备安装位置、安装方式和设备编号等，必要时可提供设备安装大样图、设备连接关系图等。

（5）将管线敷设图分解为管路敷设图和缆线敷设图，方便按照阶段组织施工。

（6）完善设备材料清单，包括设备材料的名称、规格、型号、数量、产地等。

（7）人防物防要求。规划和设计系统对建筑物和周边的人防、物防、其他技防的要求和建议，如值班人员配置、操作室面积、入侵报警系统、视频监控系统等。

4.3 主要设计内容

本节以停车场系统为例，简单介绍安防子系统工程的主要设计内容。

4.3.1 车库建筑规划设计

停车场系统工程的设计，同时会涉及车库建筑的规划设计，包括基地、总平面、车库建筑以及建筑配套等。停车场车库建筑规划设计的相关规定如下：

（1）车库基地的选择应符合城镇的总体规划，道路交通规划、环境保护及防火等要求。

（2）专用车库基地宜设在单位专用的用地范围内；公共车库基地应选择在停车需求大的位置，并宜与主要服务对象位于城市道路的同侧。

（3）机动车库的服务半径不宜大于500 m，出入口的宽度不应小于4 m。

（4）车库总平面可根据需要设置车库区、管理区、服务设施、辅助设施等。

（5）车库总平面内，单向行驶的机动车道宽度不应小于4 m，双向行驶的小型车道不应小于6 m，双向行驶的中型车以上车道不应小于7 m。

（6）机动车道转弯半径应根据通行车辆种类确定，如微型、小型车道路转弯半径不应小于3.5 m。

（7）机动车库出入口数量应符合如表4-1所示的规定。

表4-1 机动车库出入口数量

规　模	特　大　型	大　　型		中　　型		小　　型	
停车数量/辆	>1 000	501~1 000	301~500	101~300	51~100	25~50	<25
机动车出入口数量/个	≥3	≥2		≥2		≥1	≥1

（8）停车方式可采用平行式、斜列式（倾角30°、45°、60°）和垂直式或混合式，如图4-2所示。

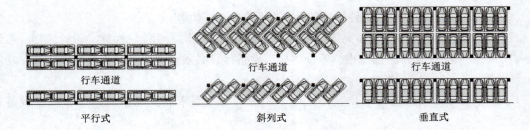

图4-2 停车方式

（9）车位的尺寸标准如表4-2所示。

表4-2 车位的尺寸标准

类型	车位尺寸/m		备注
	宽	长	
直车位	2.5	≥5	一般标准是2.5 m×5.3 m为最佳标准停车位尺寸
斜车位	2.8	6	两斜线的垂直距离需保持2.5 m的标准

（10）建筑物配建停车位指标应体现停车位总量控制和区域差别化原则，统筹不同类别建筑之间的差异性，并应考虑停车位的共享和高效利用。建筑分类和配建停车位指标参考值如表4-3所示。

表4-3 建筑物配建停车位指标参考值

建筑物大类	建筑物子类	机动车停车位指标下限值/辆	非机动车停车位指标下限值/辆	单位
居住	别墅	1.2	2.0	车位/户
	普通商品房	1.0	2.0	车位/户
	限价商品房	1.0	2.0	车位/户
	经济适用房	0.8	2.0	车位/户
	公共租赁房	0.6	2.0	车位/户
	廉租房	0.3	2.0	车位/户
医院	综合医院	1.2	2.5	车位/100 m²建筑面积
	其他医院	1.5	3.0	车位/100 m²建筑面积
学校	幼儿园	1.0	10	车位/100师生
	小学	1.5	20	车位/100师生
	中学	1.5	70	车位/100师生
	中等专业学校	2.0	70	车位/100师生
	高等院校	3.0	70	车位/100师生
办公	行政办公	0.65	2.0	车位/100 m²建筑面积
	商务办公	0.65	2.0	车位/100 m²建筑面积
	其他办公	0.5	2.0	车位/100 m²建筑面积
商业	宾馆、旅馆	0.3	1.0	车位/客房
	餐饮	1.0	4.0	车位/100 m²建筑面积
	娱乐	1.0	4.0	车位/100 m²建筑面积

续表

建筑物大类	建筑物子类	机动车停车位指标下限值/辆	非机动车停车位指标下限值/辆	单 位
商业	商场	0.6	5.0	车位/100 m²建筑面积
	配套商业	0.6	6.0	车位/100 m²建筑面积
	大型超市、仓储式超市	0.7	6.0	车位/100 m²建筑面积
	批发市场、综合市场、农贸市场	0.7	5.0	车位/100 m²建筑面积
文化建筑	体育场馆	3.0	15.0	车位/100座位
	展览馆	0.7	1.0	车位/100 m²建筑面积
	图书馆、博物馆、科技馆	0.6	5.0	车位/100 m²建筑面积
	会议中心	7.0	10.0	车位/100座位
	剧院、音乐厅、电影院	7.0	10.0	车位/100座位
工业和物流仓储	厂房	0.2	2.0	车位/100 m²建筑面积
	仓库	0.2	2.0	车位/100 m²建筑面积
交通枢纽	火车站	1.5	—	车位/100高峰乘客
	港口	3.0	—	车位/100高峰乘客
	机场	3.0	—	车位/100高峰乘客
	长途客车站	1.0	—	车位/100高峰乘客
	公交枢纽	0.5	3.0	车位/100高峰乘客
游览场所	风景公园	2.0	5.0	车位/公顷占地面积
	主题公园	3.5	6.0	车位/公顷占地面积
	其他游览场所	2.0	5.0	车位/公顷占地面积

4.3.2 系统建设需求分析

为了简单清楚地介绍设计内容，这里选择了一个典型的大楼地下停车场系统，为便于介绍，将其命名为"西元大厦"。下面介绍"西元大厦"停车场系统典型案例主要设计内容。

西元大厦规划有321个停车位，需要建设一套智能停车场管理系统，按表4-1规定规划了两个出入口，出入口共道，岗亭位于出入口安全岛上。系统需要采用视频车牌识别技术，需要具有车位引导功能，系统可利用计算机管理手段确定停车计费金额，结合外围设备控制车辆的进出。道闸要求具有防砸功能。

1. 编制项目概况表

根据西元大厦项目建筑规划，经过与建设方协商和讨论，编制如表4-4所示的西元大厦停车场项目概况表。

表4-4 西元大厦停车场项目概况表

项 目	详 情
项目名称	西元大厦停车场项目
项目具体位置	西安市秦岭四路西1号西元科技园

续表

项 目	详 情
客户类别	□小区 ■商业大厦 □公共场所 □其他
停车场类别	■地下 □室外
停车场性质	□内部专用 ■公共收费 □其他
车场内停车类型	□大型车 □中型车 ■小车
计划投资总额	
车位总数	321个
出入口位置	□分开 ■共道
停车场入口个数	2个
停车场出口个数	2个
岗亭	■需要 □不需要
岗亭位置	出入口安全岛上
停车场收费模式	□中央收费 ■出口收费 □其他
计划管理人数	5人
车辆识别方式	□射频卡识别 ■车牌识别 □人工登记
是否需要图像对比	■是 □否
是否纳入公共信息系统	□是 ■否
车位引导	■需要 □不需要
反向寻车	■需要 □不需要
道闸防砸功能	■需要 □不需要
其他要求：	防雨水倒灌

2. 编制需求分析措施表

根据表4-1和建设方提出的需求与功能，编制如表4-5所示的需求分析措施表。

表4-5 西元大厦停车场项目需求分析措施表

序号	角度	基本问题或需求	解决方法	对应设备或措施
1	业主	停车场车辆安全问题	通过车牌、车型、图像等相关信息来对比进出场车是否相同，在计算机中有各车辆的进出场记录，包括出入场时间等	车牌识别一体机、车牌识别管理软件
2		效率问题	每次进出场车牌识别只需数秒道闸即可打开，满足实际车辆进出流量	车牌识别一体机、智能道闸
3		进出场人性化管理	有语音提示"欢迎光临"、"一路顺风"、车牌播报等，并显示相关提示	车牌识别一体机LED屏显示、语音播报
4		闸杆会不会砸车	检测到有车时，闸杆不会落下，如遇到闸杆误动作，碰到小小的阻力即自动返回	车辆检测器、智能道闸
5		未经授权车辆占用车位	没有授权的车辆，不能进入停车场	停车场管理软件
6		车位引导	每个车位安装有车位检测器，实时探测车位状态，管理中心实时收集停车场车位状态，设备能够实时显示和引导车辆入库	车位探测器、入口信息显示屏、室内引导屏等
7		反向寻车	在电梯口区域安装查询机，完成寻车操作	查询机
8		计费问题	计算机按照已设定好的标准自动计费，不能出错，扣费记录可随时查询	停车场管理软件

续表

序号	角度	基本问题或需求	解决方法	对应设备或措施
9	管理人员	操作要简单	操作系统采用集成式软件,只需要会简单操作即可	停车场管理软件
10		如何设定收费标准	可在软件中根据实际需求进行收费设置	停车场管理软件
11		道闸故障时如何处理	发生故障时,可手动操作道闸动作	智能道闸
12		可否查询场内停车情况	可在计算机上随时查看停车情况,出入场记录及相关图像	停车场管理软件
13		管理人员数量	该系统只需1个管理员在出口管理即可,如果需要两班倒,则需2个管理员	
14		账目核算问题	系统每月自动生成账目报表	停车场管理软件
15		外来临时车辆问题	系统出入口配置有对讲系统,当外来车辆需要进入时,管理人员可通过对讲系统确认其身份后放行	对讲系统
16		贵宾车不收费问题	管理人员可直接在软件上控制放行,在记录中备注即可	停车场管理软件
17		车位满位问题	当停车场车位满位时,系统将停止识别放行工作,同时有车位已满提示,待有空车位时,再进行放行操作	
18		车主信息管理	系统以车牌为基础,同时可录入车主相关信息,实时查询和操作设置	停车场管理软件
19	系统维护	检修问题	系统模块化,布线量少,布线标准方便,配置标准接线图,方便检修	管理人员经培训学习后,即可完成简单的维修工作
20		安装问题	模块化设计,拆装方便	
21		改造升级问题	模块化设计,易替换改造	
22		主板故障率	主板采用工业级电子元器件,不易损坏,主控板电源及通信部分具有防雷击功能	
23		室外设备适应性问题	道闸、车牌识别一体机等室外识别均有防水、防撞等措施	

4.3.3 编制系统点数表

点数统计表在工程实践中是常用的统计和分析方法,适合于综合布线系统、智能楼宇系统等各种工程应用。为了正确和清楚地确定设备的安装点位,以及各设备的安装数量,方便安装施工中的领料和进度管理以及设备编号,需要编制系统点数表。编制点数表的要点如下:

(1)表格设计合理。要求表格打印成文本后,表格的宽度和文字大小合理,特别是文字不能太大或者太小,一般为小四号或者五号。

(2)位置正确。建筑物需要安装设备的位置都要逐一罗列出来,没有漏点或多点,位置正确和清楚,应该具有唯一性,不易混淆,避免后期安装位置错误,不易表述的设备位置可在施工图中进行明确说明。

(3)数量正确。系统所需设备的数量必须填写正确。

(4)设备名称正确。

(5)文件名称正确。作为工程技术文件,文件名称必须准确,能够直接反映文件内容。

(6)签字和日期正确。作为工程技术文件,设计、复核、审核、审定等人员签字非常重要，如果没有签字就无法确认该文件的有效性，也没有人对文件负责，更没有人敢使用。日期直接反映文件的有效性，因为在实际应用中，可能经常修改技术文件，一般是最新日期的文件替代以前日期的文件。表4-6所示为西元大厦停车场系统点数表。

表4-6 西元大厦停车场系统点数表

区域	设备名称	安装点位（位置）	数量
出入口1	道闸	停车场出入口1安全岛上	2台
	车牌识别一体机	停车场出入口1安全岛上	2台
	车辆检测器	集成安装在道闸内部	2台
	地感线圈	道闸杆下方区域车道上	2个
	管理设备	岗亭内部	1套
	岗亭	停车场出入口1安全岛上	1个
出入口2	道闸	停车场出入口2安全岛上	2台
	车牌识别一体机	停车场出入口2安全岛上	2台
	车辆检测器	集成安装在道闸内部	2台
	地感线圈	道闸杆下方区域车道上	2个
	管理设备	岗亭内部	1套
	岗亭	停车场出入口2安全岛上	1个
场区	入口信息显示屏	地下车库入口处	2个
	室内引导屏	车库内部（详见施工图）	9个
	车位检测器	车位上方（详见施工图），检测1~3个车位	108个
	查询机	电梯口区域	2台

4.3.4 设计停车场系统图

1. 西元大厦停车场系统图

系统图的功能就是直观清晰地反映停车场系统的主要组成部分和连接关系，必须在图中清楚标明各种设备之间的连接关系，包括出入口道闸、车牌识别一体机、入口信息显示屏、室内引导屏、车位检测器、管理中心等设备。系统图一般不考虑设备的具体位置、距离等详细情况。图4-3所示为西元大厦停车场系统图。

2. 西元大厦停车场系统图的图例与说明

图例说明：本系统图图例选取自GA/T 74—2017《安全防范系统通用图形符号》中停车场系统的相关图形符号。

系统图说明：

（1）系统采用以太网和RS-458总线两种通信方式进行数据传输。

（2）场区内共有4个多路视频服务器，分别连接24个、36个、23个、25个视频车位检测器、9块引导屏、2个车位信息屏、2台查询机，覆盖321个车位。

（3）系统共设置2个出入口，用于车辆的出入，满足日常车流量的需求。

（4）视频车位检测器通过线性电源单独供电，其他设备所有供电采用市政AC 220 V供电。

单元 4　出入口控制系统工程设计

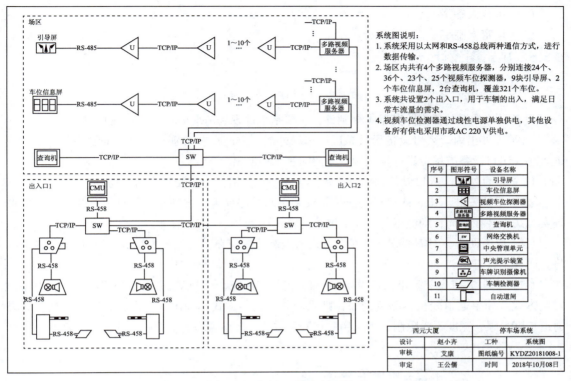

图4-3　西元大厦停车场系统图

3. 停车场系统图的设计要点

1）图形符号必须正确

系统图设计的图形符号，首先要符合相关建筑设计标准和图集规定。

2）连接关系清楚

设计系统图的目的就是为了规定设备的连接关系，因此必须按照相关标准规定，清楚地给出各设备之间的连接关系，如道闸与车辆检测器，道闸与车牌识别一体机等之间的连接关系，这些连接关系实际上决定了停车场系统拓扑图。

3）通信方式标记正确

在系统图中要将各设备之间的通信方式标注清楚，方便工程施工选材。

4）说明完整

系统图设计完成后，必须在图纸的空白位置增加设计说明。设计说明一般是对图的补充，帮助快速理解和阅读图纸，对图中的符号也应给予说明等。

5）标题栏完整

标题栏是任何工程图纸都不可缺少的内容，一般在图纸的右下角。标题栏一般至少包括以下内容：

（1）建筑工程名称。例如，西元大厦。

（2）项目名称。例如，停车场系统。

（3）工种。例如，系统图。

（4）图纸编号。例如，KYDZ20181008-1。

（5）设计人签字。

115

（6）审核人签字。

（7）审定人签字。

4.3.5 施工图设计

1. 出、入口部分设计

1）设备定位

设备具体位置的确定除其基本规则外，主要是根据现场情况而定，基本规则如下：

（1）入外出内。入口设备尽量靠近停车场外侧，方便车主辨别，入口验证设备方便车主验证入场。出口设备应尽量靠近场内侧，方便问题车辆退出。

（2）宁直勿弯。入口设备和出口设备都应安装在直道上，方便车主出入场。

（3）平地安装。出、入口设备应尽量安装在水平路面上，方便车主验证后起步方便。如果确实无法安装在平面，则应尽可能在下坡。

（4）弯道回直。对需要拐弯的场合，设备安装位置应在拐弯处至少3 m以外，保障驾驶员可将方向基本打直。

（5）单排/并排安装。出入口设备在一起，且不需要岗亭时，通道长度和宽度决定着设备的安装方式。如果通道较长，路宽受限，则采用单排安装方式，即出入口设备成一字排列。如果通道长度受限，宽度不受限制，则采用并排安装方式。图4-4所示为单排/并排安装示意图。

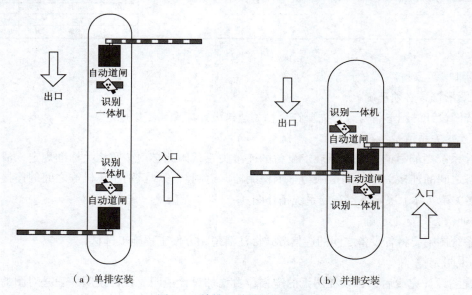

（a）单排安装　　　　　　　　　　（b）并排安装

图4-4　单排、并排安装示意图

（6）右进左出。我国的车辆均为左舵车，按照通常的右行原则，需要采用右进左出的方式以免交叉。

2）绘制施工图

完成前面的点数表、系统图等设计资料后，停车场系统的基本结构和连接关系已经确定，需要进行设备布局、布线路由等施工图的设计。图4-5所示为西元大厦停车场系统出入口设备布局图，图4-6所示为出入口布线路由图。

单元 4　出入口控制系统工程设计

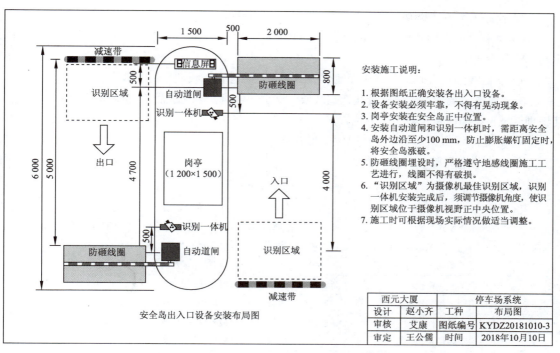

图4-5　西元大厦停车场系统出入口设备布局图

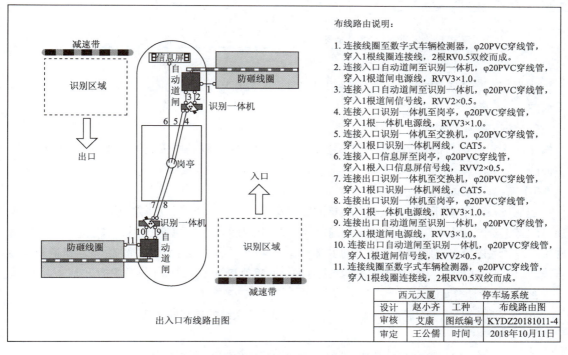

图4-6　西元大厦停车场系统出入口布线路由图

安装施工说明：

（1）根据图纸正确安装各出入口设备。

（2）设备安装必须牢靠，不得有晃动现象。

（3）岗亭安装在安全岛正中位置。

（4）安装自动道闸和识别一体机时，需要距离安全岛外边沿至少100 mm，防止膨胀螺钉固定时，将安全岛涨破。

（5）防砸线圈埋设时，严格遵守地感线圈施工工艺进行，线圈不得有破损。

（6）"识别区域"为摄像机最佳识别区域，识别一体机安装完成后，需要调节摄像机角度，使识别区域位于摄像机视野正中央位置。

（7）施工时可根据现场实际情况做适当调整。

布线路由说明见表4-7。

表4-7 布线路由说明表

标识	路由方向	布线说明
1	线圈至数字式车辆检测器	φ20PVC穿线管，穿入1根线圈连接线，2根RV0.5双绞而成
2	入口自动道闸至识别一体机	φ20PVC穿线管，穿入1根道闸电源线，RVV3×1.0
3	入口自动道闸至识别一体机	φ20PVC穿线管，穿入1根道闸信号线，RVV2×0.5
4	入口识别一体机至岗亭	φ20PVC穿线管，穿入1根一体机电源线，RVV3×1.0
5	入口识别一体机至交换机	φ20PVC穿线管，穿入1根口识别一体机网线，CAT5
6	入口信息屏至岗亭	φ20PVC穿线管，穿入1根入口信息屏信号线，RVV2×0.5
7	出口识别一体机至交换机	φ20PVC穿线管，穿入1根口识别一体机网线，CAT5
8	出口识别一体机至岗亭	φ20PVC穿线管，穿入1根一体机电源线，RVV3×1.0
9	出口自动道闸至识别一体机	φ20PVC穿线管，穿入1根道闸电源线，RVV3×1.0
10	出口自动道闸至识别一体机	φ20PVC穿线管，穿入1根道闸信号线，RVV2×0.5
11	线圈至数字式车辆检测器	φ20PVC穿线管，穿入1根线圈连接线，2根RV0.5双绞而成

2. 场区部分设计

根据停车场建筑的结构布局，合理设计场区部分停车场平面图。图4-7所示为场区部分设备平面图。

3. 施工图设计要点

施工图设计的目的就是规定系统设备、布线路由在施工现场中安装的具体位置，一般使用平面图。施工图设计的一般要求和注意事项如下：

1）布线路由设计合理正确

施工图设计了全部线缆和设备等器材的安装管道、安装路径、安装位置等，也直接决定工程项目的施工难度和成本。布线路由设计前需要仔细阅读建筑物的土建施工图、水电施工图、网络施工图等相关图纸，熟悉和了解建筑物主要水管、电管、气管等路由和位置，并且尽量避让这些管线。如果无法避让，必须设计钢管穿线进行保护，减少其他管线对停车场系统的干扰。

2）位置设计合理正确

在施工图设计中，必须清楚标注设备的安装位置、系统的布线路由等。

3）说明完整

在图纸的空白位置增加设计说明等辅助内容，帮助施工人员快速读懂设计图纸。

4）图纸标题栏信息完整

单元 4　出入口控制系统工程设计

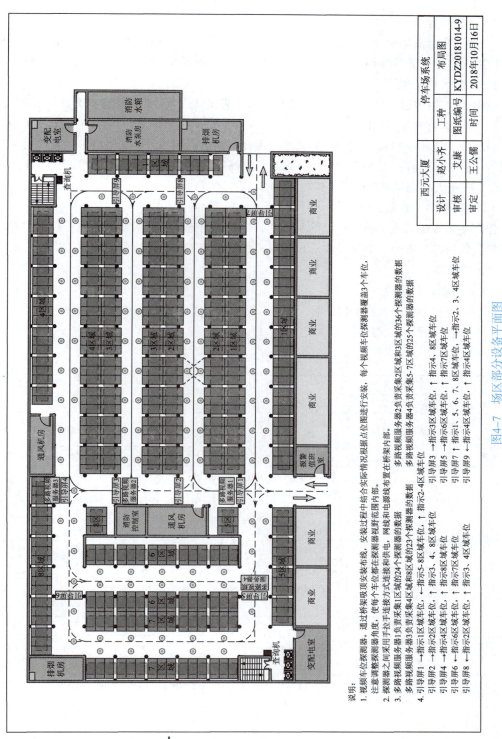

图4-7　场区部分设备平面图

4.3.6　编制材料统计表

材料表主要用于工程项目材料采购和现场施工管理，实际上就是施工方内部使用的技术文件，必须详细写清楚全部主材、辅助材料和消耗材料等。编制材料表的一般要求如下：

1）表格设计合理

一般使用A4幅面竖向排版的文件，要求表格打印后，表格宽度和文字大小合理，编号清楚，特别是编号数字不能太大或者太小，一般使用小四或者五号字。

2）文件名称正确

材料表一般按项目名称命名，要在文件名称中直接体现项目名称和材料类别等信息。

3）材料名称和型号准确

材料表主要用于材料采购和现场管理，因此材料名称和型号必须正确，并且使用规范的名词术语。重要项目甚至要规定设备的外观颜色和品牌，因为每个产品的型号不同，往往在质量和价格上有很大差别，对工程质量和竣工验收有直接的影响。

4）材料规格、数量齐全

停车场系统工程实际施工中，涉及线缆、配件、消耗材料等很多品种或者规格，材料表中的规格、数量必须齐全。如果缺少一种材料或材料数量不够，就可能影响施工进度，也会增加采购和运输成本。

5）签字和日期正确

编制的材料表必须有签字和日期，这是工程技术文件不可缺少的。

表4-8所示为西元大厦停车场系统工程主材表。

表4-8　西元大厦停车场系统工程主材表

序 号	设备名称	规格型号	数 量	单 位	品 牌
1	自动道闸	ZBC-D501	4	台	西元
2	高清识别一体机	ZBC-P601一体机 包括识别摄像机及显示单元等	4	台	西元
3	数字车辆检测器	ZBC-DG01	1	个	西元
4	计算机	Windows 64位操作系统，8 GHz内存，i5处理器，1 TB硬盘	2	套	西元
5	岗亭	HXGT-A2	2	个	西元
6	入口信息屏	ZBC-PW01	2	个	西元
7	室内引导屏	KR-PS03	9	个	西元
8	多路视频服务器	WBP-K03VZ	4	个	西元
9	视频车位检测器	ZBC-BC2111	108	个	西元
10	查询机	PZTC-ZX-NT2	2	台	西元
11	网络交换机	24口网络交换机	3	台	西元
12	地感线圈	1.0特氟龙高温软线	4	个	西元
13	网线	Cat 5e	10	箱（305 m）	西元
14	信号线	RVV2×0.5	12	卷（100 m）	西元
15	电源线	RVV3×1.0	5	卷（100 m）	西元
16	水晶头	RJ-45	5	盒（100个）	西元
17	其他耗材	详见耗材明细表			西元

编制：赵小齐　复核：艾康　审核：蒋晨　审定：王公儒　西安开元电子实业有限公司

4.3.7 编制施工进度表

根据具体工程量大小,科学合理地编制施工进度表,可依据系统工程结构,把整个工程划分为多个子项目,循序渐进,依次执行。施工过程中也可根据实际施工情况,做出合理调整,把握项目进展工期,按时完成项目施工。表4-9所示为西元大厦停车场系统工程施工进度计划表。

表4-9 西元大厦停车场系统工程施工进度计划表

序号	工种工序	工期	开始时间	截止时间	2019年3月				2019年4月				2019年5月				2019年6月				2019年7月		
					1周	2周	3周	4周	1周	2周	3周	4周	1周	2周	3周	4周	1周	2周	3周	4周	1周	2周	3周
1	施工准备	3	3.15	3.17	—																		
2	桥架安装、管槽敷设	45	3.18	5.3		─	─	─	─	─	─	─											
3	线缆敷设	12	5.4	5.16									─	─									
4	设备采购、检验	3	5.2	5.4							─												
5	厂区设备安装	25	5.16	6.11										─	─	─	─						
6	出入口设备安装	20	6.12	7.2														─	─	─			
7	系统调试、培训	15	7.3	7.18																	─	─	─

编制:赵小齐　审核:艾康　审定:王公儒　西安开元电子实业有限公司　2019年2月15日

典型案例7　第二代居民身份证出入口控制系统

第二代居民身份证出入口控制系统是基于二代身份证作为出入凭证而建立起来的出入口控制系统。在该系统中,人员使用身份证进行登记,利用身份证验证设备进行身份证信息的自动提取和合法性验证,结合门禁控制器和闸机等设备进行人员出入控制。身份证代表着个人凭证,且具有可存储、数据加密等特点,所以它作为门禁系统的出入凭证具有独特的优势和广泛的应用前景。

身份证出入口控制系统主要有两种工作模式。

1. 模式一:以身份证序列号作为出入凭证

1)系统概述

这种模式是形式上的身份证门禁,此时身份证本质上等价于传统的IC卡。它的工作原理是将身份证IC芯片的序列号写入系统,通过软件系统进行发卡授权后,人员即可持身份证刷卡出入。这种系统模式简单方便,基本功能与传统IC门禁系统相同,也存在被复制序列号的可能性,因此这种模式适用于对安全性和保密性要求不高的场合,如小区、建筑工地等。

2)系统结构

这种模式的系统一般包括控制主机、门禁控制器、身份证发卡器、身份证读头等设备,同时配套有相应软件，实现对出入人员的管理，系统结构如图4-8所示。

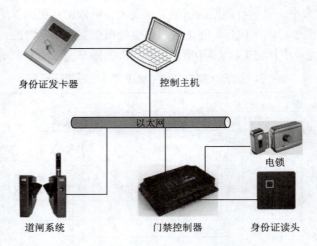

图4-8 以身份证序列号为凭证的系统结构

（1）控制主机：身份证门禁系统的核心管理设备，配套有相应的管理软件，一般安装在管理中心或值班室内，实现对整个系统出入人员的控制与管理。

（2）门禁控制器：门禁系统的核心设备，可直接安装在门口或通道处，也可与道闸系统集成，控制道闸的开启和关闭。

（3）身份证发卡器：一种兼容身份证的IC卡发卡器，与控制主机连接，能够实现身份证芯片（即身份证内部IC卡）序列号的读取，可以将身份证作为普通IC卡来使用。

（4）身份证读头：安装在门禁控制器上，可读取身份证芯片（即身份证内部IC卡）序列号，将数据发送给门禁控制器，并进一步传送到控制主机，经验证卡号合法后，控制主机发送开门指令，门禁控制器接收指令并执行。

2. 模式二：以身份证内部信息作为出入凭证

1）系统概述

这种模式是真正的身份证门禁，此时身份证内的个人信息可被系统阅读和核验。它的工作原理是系统通过身份证号码直接授权，或者通过身份证读卡器读取出身份证号码、姓名、民族、地址等个人信息进行授权，并将信息保存在系统中，人员可刷身份证凭借个人信息出入系统。

这种模式的优点是无重复且安全性高，具有证件信息自动采集功能，可实现提前预约授权、免授权刷身份证即放行（同时采集证件信息）等特殊功能；缺点是这种系统模式必须使用公安部授权生产的二代身份证验证设备，系统成本相对较高，因此这种模式适用于对安全性和保密性要求较高的场合，如车站、监狱、政府部门等场合。

2）系统结构

这种模式的系统一般包括控制主机、验证机、身份证阅读器等设备，同时配套有相应软件，实现对出入人员的管理，系统结构如图4-9所示。

（1）控制主机：除了控制主机的基本功能外，此模式的控制主机具有存储、记录、处理身份证内部信息的功能，提高了系统的安全性和保密性。

单元 4　出入口控制系统工程设计

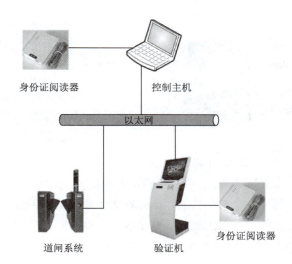

图4-9　以身份证内部信息为凭证的系统结构

（2）验证机：也称为访客机，是系统的出入验证设备，一般安装在通道或门口处。该设备通过读取出入人员的身份证信息，与数据库中的信息进行对比，从而判断当前人员是否具有出入权限，并通过信息、颜色、声音等多种方式提醒人员。它可以与门禁控制器或道闸系统集成，实现对合法用户的自动放行；也可以由特定工作人员职守，要求所有出入人员进行合法性验证，并对不合法的用户采取适当措施，通常应用于车站、政府单位、看守所等场合，如图4-10所示。

（a）车站核验身份证进站　　　　　（b）法院访客登记

图4-10　身份证验证

（3）身份证阅读器：身份证阅读器又称身份证读卡器，是身份证阅读和核验的专用设备，采用国际上先进的非接触式IC卡阅读技术，配以公安部授权的专用身份证安全控制模块，能够快速地识别身份证的真伪，读取身份证芯片内所存储的信息，包括姓名、地址、照片等。

在身份证门禁系统中，可根据实际需求灵活配置身份证阅读器。

① 与控制主机连接：实现身份证信息（如姓名、民族、身份证号码等）的快速读取，能够验证二代身份证真假，且避免了因手工输入出现错误等情况，如图4-11所示。

② 与验证机连接：二者通常集成为访客管理一体机，如图4-12所示。通过读取身份证信息并在系统中验证，判断卡片是否合法，并向门禁控制器发送开门指令；也可以允许所有人刷身份证后直接开门，同时记录身份证个人信息、开门时间等信息，这种情况下不需要进行发卡或者登记可以直接开门，便于一些公共场所使用。

123

出入口控制系统工程安装维护与实训

图4-11　身份证阅读器与控制主机连接

图4-12　身份证访客管理一体机

随着物联网、身份识别等高新技术的不断发展和广泛应用，智能化社会的建设加快了步伐，出入口控制系统是其中一个典型代表，已经在诸多领域得到了应用，是安防领域未来的发展趋势。以身份证为凭证的出入口控制系统在小区、监狱、政府部门、车站无纸化票务系统等领域的应用会越来越普遍，将朝着智能化、集成化、互联互通化等方向快速发展。

课程思政3　立足岗位、刻苦专研、技能改变命运

国家发明专利4项，实用新型专利10项，全国技能大赛和师资培训班实训指导教师，精通16种光纤测试技术，200多种光纤故障设置和排查技术，5次担任全国职业院校技能大赛和世界技能大赛网络布线赛项安装组长，改进、推广了10项操作方法和生产工艺，提高生产效率两倍，5年内降低生产成本约580万元……作为雁塔区西安开元电子实业有限公司新产品试制组组长纪刚，拥有着一份不凡的成绩单。

16年的时间，纪刚从一名学徒成长为国家专利发明人、技师和西安市劳动模范，他说："技能首先是一种工作态度，技能就是标准与规范，技能的载体就是图纸和工艺文件，现代技能需要创造思维、技能能够改变命运。"

为了实现目标，降低成本，纪刚自费购买专业资料，利用节假日勤奋钻研，多次上门拜访西安交通大学教授，边做边学，历时一年，先后四次修改电路板，五次改变设计图纸和操作工艺，最终获得国家发明专利。同时，在不断提高自身素质的同时，积极发挥劳模引领作用，参与拍摄制作了30多部技能操作教学视频。这些视频被上传到工信部全国产业工人学习网平台，同时还被全国3000多所高校和职业院校广泛使用，为全国培养高技能人才做出了突出贡献。

本文摘录自2020年4月29日《西安日报》。更多纪刚劳模先进事迹的媒体报道和Word版介绍资料，请访问中国铁道出版社有限公司网站（http://www.tdpress.com/51eds/）下载。

纪　刚

雁塔区劳动模范
西安开元电子实业有限公司新产品试制组组长

习　题

1. 填空题（10题，每题2分，合计20分）

（1）出入口控制系统工程的设计应遵循规范性和实用性、先进性与互换性、_____、联动性与兼容性、开放性与安全性原则。（参考4.1.1知识点）

（2）工程项目的内容和要求应包括_____、性能指标、安全需求、培训和售后服务要求等。（参考4.2.1知识点）

（3）现场勘查时需调查建设对象的风险防范等级与防护等级，人防、_____与_____建设情况等。（参考4.2.2知识点）

（4）现场勘察结束后应编制_____，内容应包括项目名称、勘察时间、参加单位及人员、项目概况、勘察内容、勘察记录等。（参考4.2.2知识点）

（5）主要设备和材料清单包括系统拟采用的主要设备材料_____、规格、_____、数量等。（参考4.2.3知识点）

（6）方案论证应对论证的内容做出评价，以通过、基本通过、_____意见给出明确结论，并且提出_____，并经建设单位确认。（参考4.2.4知识点）

（7）深化设计是设计方或承建方依据_____的评价结论和整改意见，对_____进行完善的一种设计活动。（参考4.2.5知识点）

（8）_____在工程实践中是常用的统计和分析方法，适合于综合布线系统、智能楼宇系统等各种工程应用。（参考4.3.3知识点）

（9）_____一般不考虑设备的具体位置、距离等详细情况。（参考4.3.4知识点）

（10）根据具体工程量大小，科学合理的编制_____。（参考4.3.7知识点）

2. 选择题（10题，每题3分，合计30分）

（1）标准规定，出入口控制系统应能与（　　）等联动。（参考4.1.1知识点）

　　A. 报警系统　　　　　　　　B. 视频监控系统
　　C. 自动化系统　　　　　　　D. 电子信息系统

（2）任务来源包括由建设单位主管部门下达的任务，政府部门要求的任务，建设单位自提的任务，任务类型可分为（　　）等。（参考4.2.1知识点）

　　A. 新建　　　B. 改建　　　C. 扩建　　　D. 升级

（3）初步设计文件包括设计说明、（　　）、主要设备材料清单，工程概算书等。（参考4.2.3知识点）

　　A. 施工图　　　　　　　　　B. 设计图纸
　　C. 施工进度表　　　　　　　D. 点数统计表

（4）方案论证应提交（　　）等资料。（参考4.2.4知识点）

　　A. 设计任务书　　　　　　　B. 产品检验报告
　　C. 现场勘查报告　　　　　　D. 初步设计文件

（5）深化设计的依据包括（　　）。（参考4.2.5知识点）

　　A. 初步设计文件　　　　　　B. 论证整改意见
　　C. 论证整改措施　　　　　　D. 设计任务书

（6）编制（　　）的目的是正确和清楚确定设备的安装点位，以及各点位的安装数量，方

便安装施工中的领料和进度管理以及设备编号。（参考4.3.3知识点）

  A．点数统计表   B．系统图
  C．设备材料清单   D．施工图

（7）（　　）可以直观清晰地反映停车场系统的主要组成部分和连接关系。（参考4.3.4知识点）

  A．点数统计表   B．系统图
  C．设备材料清单   D．施工图

（8）工程图纸标题栏，包括（　　）。（参考4.3.4知识点）

  A．建筑工程名称   B．项目名称
  C．设计人签字   D．图纸编号

（9）（　　）设计的目的就是规定系统设备、布线路由在施工现场中安装的具体位置。（参考4.3.5知识点）

  A．点数统计表   B．系统图
  C．设备材料清单   D．施工图

（10）下列（　　）属于材料表。（参考4.3.6知识点）

  A．主材   B．辅助材料
  C．消耗材料   D．施工工具

3. 简答题（5题，每题10分，合计50分）

（1）安全防范系统工程的主要设计流程包括哪些内容？（参考4.1.2知识点）

（2）安全防范系统工程的设计任务书应包括哪些内容？（参考4.2.1知识点）

（3）现场勘察一般包括哪些内容？（参考4.2.2知识点）

（4）安全防范系统工程在进行方案论证时需论证哪些内容？（参考4.2.4知识点）

（5）停车场系统的主要设计内容有哪些？（参考4.3知识点）

笔记栏

单元 4　出入口控制系统工程设计

实训项目6　出入口控制系统基本操作实训

1. 实训任务来源
出入口控制系统的基本操作是系统调试和运维人员必备的岗位技能，正确的调试和及时的运行维护直接关系到出入口控制系统的正常使用。

2. 实训任务
熟悉出入口控制系统的基本功能操作方法，独立完成各项功能的操作控制。

3. 技术知识点
（1）RFID卡凭证的开闸操作方法。
（2）人脸凭证的开闸操作方法。
（3）指纹凭证的开闸操作方法。

4. 实训课时
（1）该实训共计1课时完成，其中技术讲解9分钟，视频演示6分钟，学员操作25分钟，实训总结5分钟。
（2）课后作业2课时，独立完成实训报告，提交合格实训报告。

5. 实训指导视频
ACS-实训41-出入口控制系统基本操作实训

6. 实训设备
西元出入控制道闸系统实训装置，产品型号KYZNH-71-4。
本实训装置专门为满足出入口控制系统的工程设计、安装调试等技能培训需求开发，配置有刷卡+指纹一体机、体温检测+人脸识别智能面板机、道闸控制电路板、限位控制器、机械执行设备、红外检测开关、通电延时设备、语音提示设备、通行指示设备及各种管理软件等，特别适合学生认知和技术原理演示，具有工程实际使用功能，能够在真实的应用环境中进行工程安装实践和操作管理，理实合一。

7. 实训步骤
1）预习和播放视频
课前应预习，初学者提前预习，请扫描二维码观看实操视频，熟悉出入口控制系统道闸管理软件的操作内容和方法。

2）实训内容
西元出入控制道闸系统实训装置中配置了专用的道闸系统管理软件，可实现对RFID卡凭证开闸、人脸凭证开闸以及指纹凭证开闸的相关操作，独立完成下列基本操作，掌握出入口控制系统的基本工作过程。

（1）设备接线：用三根网络双绞线，将控制主板、AI动态人脸识别机、控制主机（计算机）分别连接至网络交换机。
（2）系统通电：接通电源后，打开设备的漏电保护开关，此时系统通电，设备启动，道闸开始动作。待设备启动过程结束，且运行稳定后再进行下一步操作。
（3）登录道闸系统管理软件：打开道闸系统管理软件，输入用户名和密码后单击"登录"按钮，进入智能门禁管理系统，如图4-13所示。（用户名和密码均为admin）

图4-13 智能门禁管理系统

（4）添加人员信息：

① 单击"人员与卡证管理"，选择"新增"，弹出界面，如图4-14所示。

② 添加卡片。选择部分人员将RFID卡作为其出入凭证，在新增界面分别输入他们的编号和姓名，并添加卡片。将RFID射频授权控制器连接到计算机上，卡片放在授权控制器读卡区域，单击"读卡"按钮，添加上卡片信息后，单击"确定"按钮，卡片添加完成，如图4-15所示。

③ 添加指纹信息。选择部分人员将指纹作为其出入凭证，在新增界面分别输入他们的编号和姓名，并添加指纹信息。将指纹采集器连接到计算机上，单击"录入指纹"按钮，手指放在指纹采集器的采集区域，读取要

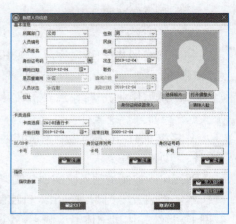

图4-14 新增人员信息界面

添加的指纹图像信息，重复三次后单击"确定"按钮，指纹图像添加完成，如图4-16所示。

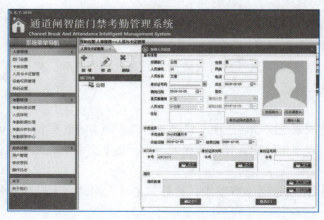

图4-15 新增卡凭证人员

④ 添加人脸图像。选择部分人员将人脸作为其出入凭证，在新增界面分别输入他们的编号和姓名，并添加人脸图像信息。单击"选择照片"按钮，导入这些人员的照片，或打开摄像头为他们进行拍摄，单击"确定"按钮，人脸图像添加完成，如图4-17所示。

单元 4　出入口控制系统工程设计

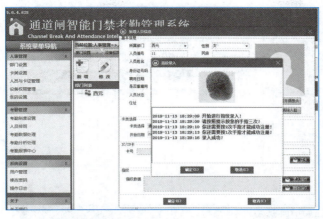

（a）

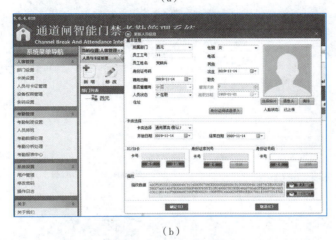

（b）

图4-16　新增指纹凭证人员

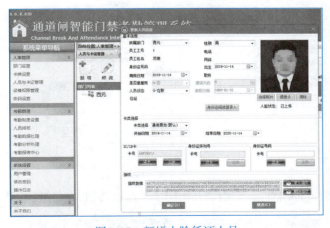

图4-17　新增人脸凭证人员

⑤ 添加完成后，单击部门的所有人员，可以查看所有添加过的人员信息列表，如图4-18所示。

（5）凭证授权。单击"设备权限管理"，选择"批量授权"，弹出界面后，单击"选择人员"，然后点击"查询"按钮。勾选需要授权的人员和安装区域后，单击"确定"按钮，完成各个凭证的授权操作，如图4-19所示。

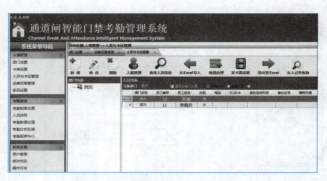

图4-18 人员信息列表

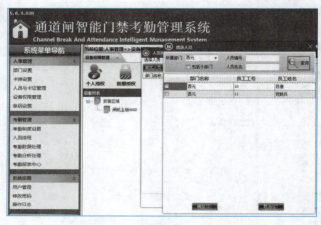

（a）

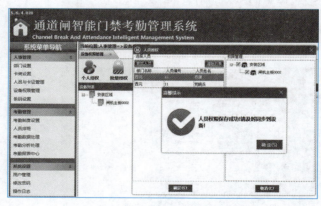

（b）

图4-19 凭证授权

（6）打开数据同步服务软件，单击"开始同步"按钮，如图4-20所示。

图4-20 数据同步

（7）开闸操作：

① RFID卡凭证开闸。让以卡片为凭证的人员依次刷卡进行道闸系统的出入操作体验，将已授权的卡片靠近RFID射频识别控制器的刷卡区域，系统自动感应卡片信息，并发出开闸指令，道闸自动打开，语音提示"欢迎光临""欢迎再次光临"，人通过道闸后，道闸自动关闭。

② 指纹凭证开闸。让以指纹图像为凭证的人员依次刷指纹进行道闸系统的出入操作体验，已添加过指纹图像的人员在指纹区域刷指纹，系统采集识别当前出入人员的指纹进行检索，区域绿灯亮，发出开闸指令，道闸自动打开，人通过道闸后，道闸自动关闭。

③ 人脸凭证开闸。让以人脸图像为凭证的人员依次刷人脸进行道闸系统的出入操作体验，已添加过人脸图像的人员在通过道闸时，AI动态人脸识别机中的摄像机捕捉出当前出入人员的面像，系统进行检索后发出开闸指令，道闸自动打开，语音提示"请通行"，人通过道闸后，道闸自动关闭。

（8）其他操作：

① 未授权的凭证进行开闸操作。

当未授权的RFID卡、指纹或人脸，进入对应的识别区域时，系统采集识别并判别其为非法凭证，同时语音提示"无效票"，道闸不动作，禁止通行。

② 逆行操作。在通道口一侧输入凭证，其他人员由另一侧逆向通过通道时，系统语音提示"请勿逆行"。

③ 非法闯入操作。不输入任何凭证，尝试通过道闸通道时，红外对射探测器感应到有人员进入检测区域，并反馈给控制系统，此时系统语音提示"请勿非法闯入"。

④ 红外防夹操作。道闸正常开启后，人员在通过道闸时站在通道中间不离开，此时道闸不关闭，避免人员被夹到，人离开通道，道闸才会关闭。同时在规定时间后，系统会语音提示"请勿在通道中停留"。

说明：

- 添加人员信息时，人员编号与姓名必须填写，且不能重复。
- 一个人员可以添加一种或多种开闸的凭证信息，可体验一种或多种开闸方式。

8. 实训报告

按照单元1表1–1所示的实训报告要求和模板，独立完成实训报告，2课时。

实训报告

单元 5

出入口控制系统工程安装

工程的安装质量直接决定工程的可靠性、稳定性和长期寿命等，安装人员不仅需要掌握基本操作技能，也需要一定的管理知识。本单元重点介绍出入口控制系统、停车场系统和可视对讲系统工程安装的相关规定和要求。

学习目标：
- 熟悉出入口控制系统、停车场系统和可视对讲工程安装的主要规定和技术要求。
- 掌握出入口控制系统、停车场系统和可视对讲工程安装操作方法。

5.1　工程安装准备

"工欲善其事，必先利其器"，安装前的准备工作非常重要，不仅涉及工程质量和工期，也直接影响工程造价和长期寿命，因此必须做好安装准备相关工作，保证安装顺利进行。

1. 编制安装组织方案

出入口控制系统安装单位应根据深化设计文件编制安装组织方案，落实项目组成员。安装组织方案要结合出入口工程对象的实际特点、安装条件和技术水平进行综合考虑，依照安装组织方案进行安装，能有效保证安装活动有序、高效、科学合理地进行。

2. 召开技术交底会

进场安装前必须举行各方参加的技术交底会，甲方、监理方、乙方等单位的负责人和主要安装人员应该参加会议，并且应认真熟悉安装图纸及有关资料，包括工程特点、安装方案、工艺要求、安装质量标准及验收标准等。

3. 落实设备和材料

项目经理应按照安装组织方案落实设备和材料的采购和进场。工程需要使用的设备和材料等物品必须准备齐全，按照合同与设备清单，认真仔细准备各种设备和材料等，主要包括设备、仪器、器材、机具、工具、辅材、机械设备以及通信联络器材等。

4. 进场安装前应对安装现场进行检查

1）安装环境检查

（1）安装作业场地、用电等均应符合安装安全作业要求。

（2）安装现场管理需要的办公场地、设备设施存储保管场所、相关工程管理工具部署等均应符合安装管理要求。

（3）安装区域内没有遗留建筑垃圾等障碍物，没有不安全因素等影响安装的项目。当安装现场有影响安装的各种障碍物时，应提前清除。

（4）与项目相关的预留管道、预留孔洞、地槽及预埋件等均应符合设计要求和安装要求。例如，确认跨越道路位置已经预埋了管道，管道规格和数量与设计图纸规定相同；检查管道是否畅通，并且预留有牵引钢丝等。

（5）应清楚敷设管道电缆和直埋电缆的路由状况，并已对各管道标出路由标志。

（6）如果发现存在影响安装的问题时，应以书面方式及时通知甲方或安装方排除。

2）安装设备和材料检查

安装设备和材料应满足连续安装和阶段安装的要求，如果出现短缺或坏件，将直接影响安装进度和工期，降低安装效率，增加运费和管理费等工程费用。例如，如果缺少几个膨胀螺栓或者螺钉时，需要再次向公司申请，走完审批流程，库房才能出货，还需要安排专人专车送到安装现场，运费和管理费远远高于直接材料费，因此在安装前，项目经理必须按照下面的项目分项进行检查。

（1）按照安装材料表对材料进行分类清点。每一个工程项目都有大量的安装材料，例如设备类、接头类、螺钉类、线缆类等，必须按照设计文件和材料表逐项分类，逐一清点与核对，并且分类装箱，在箱外贴上材料清单，方便安装现场使用。

（2）各种部件、设备的规格、型号和数量应符合设计要求。每个设备的用途和安装部位不同，每种设备配置的零器件也不相同，因此必须按照设计图纸仔细核对和检查，保证全部设备和部件符合图纸和工程需要，特别需要逐一检查设备型号和数量符合设计要求。有经验的项目经理都会在安装前对主要部件和设备进行预装配和调试，并且在外包装箱上做出明显的标记，方便在安装现场的使用，提高工作效率，避免出现安装位置错误，提前保证工程质量。

（3）产品外观应完整、无损伤和任何变形。在安装前必须检查产品外观完整，没有变形和磕碰等明显外伤，只有这样才能保证顺利验收。特别是道闸等安装在室外的出入口设备，应做好设备保护。

（4）有源设备均应通电检查各项功能。在安装进场前，项目经理或工程师对从库房领出的有源设备进行通电检查非常重要，必须逐台进行，不得遗漏任何一台。在通电检查前必须提前认真阅读产品说明书，规范操作，特别注意设备的工作电压往往不同，不能对12 V直流设备接入220 V交流，这样将直接烧坏设备。

5. 安全教育和文明安装教育

进场安装前应对安装人员进行安全教育和文明安装教育。

5.2 管路敷设

5.2.1 一般规定

1. 管路敷设应具备的条件

（1）敷设管路的管廊、管路支架、预埋件、预留孔等已按设计文件安装完成，坐标位置、标高、坡度等符合要求。

（2）与管路连接的设备已正确安装到位，并且固定完毕。

（3）管路组成件应具有所需的质量证明文件，并经检验合格。

（4）管路组成件已按设计要求进行核准，其材质、规格、型号正确，管路预制已按图样完成，并符合要求。

（5）管路组成件内部及焊接接头附近已清理干净，没有油污或杂物。

2. 敷设要求

（1）管路敷设宜按下列顺序进行：

① 先下后上顺序，也就是先敷设地下管路，后敷设地上管路。

② 先大后小顺序，也就是先敷设大管路，后敷设小管路。

③ 先高后低顺序，也就是先敷设高压管路，后敷设低压管路。

（2）管路敷设遵循路线最短、不破坏原有强电、防水层的原则。

（3）暗埋在混凝土的穿线管使用PVC管，不仅不会腐蚀，而且方便穿线。其他的穿线管根据消防规范应采用金属穿线管。

（4）敷设管路时，所有的线管尽量走两点间的直线距离。

（5）线管固定间距：使用管夹固定时，钢管的固定间距必须小于1.5 m，PVC管固定间距小于1.2 m。

（6）线管每隔10 m，需做60 cm×60 cm的手井。

（7）电源线用PVC管时，与信号线的管间距不小于15 cm，用钢管时，与信号线间距可缩小至10 cm。

（8）线管埋在地下时，水泥路面距离地面不得小于20 cm，花圃路面距离地面不得小于50 cm。

（9）为保障穿线方便，在拐弯处最好不要用工业模具生产的塑料成品弯头，而采用弯管器来制作大半径的弯管。

5.2.2 管路敷设

1. 管路敷设方式

（1）暗埋管敷设：一般情况下管路暗埋于墙体或地面内部，在土建和砌筑过程中随工布设，要求管路短、畅通、弯头少，其安全系数高、不会影响外形的美观，但安装难度大、后期可调整性差。

（2）明管敷设：整个管路敷设在建筑表面，安装简单，要求横平竖直、整齐美观。

2. 管路敷设

1）暗埋管敷设一般工序

（1）预制大拐弯的弯头。用专业弯管器制作大拐弯的弯头。

（2）测位定线。测量和确定安装位置与路由，并且画线标记。

（3）安装和固定出线盒与设备箱。将出线盒、过线盒以及设备箱等安装到位，并且用膨胀螺栓或者水泥砂浆固定牢固。

（4）敷设管路。根据布线路由逐段安装线管，要求横平竖直。

（5）连接管路。用接头连接各段线管，要求连接牢固和紧密，没有间隙。暗埋在楼板和墙体中的接头部位必须用防水胶带纸缠绕，防止在浇筑时，水泥砂浆灌入管道内，水分蒸发后，留下水泥块，堵塞管道。

（6）固定管路。对于建筑物楼板或现浇墙体中的暗管，必须用铁丝绑扎在钢筋上进行固定。对于砌筑墙体内的暗管，在砌筑过程中，必须随时固定。

（7）清管带线。埋管结束后，对每条管路都必须进行及时清理，并且带入钢丝，方便后续穿线。如果发现个别管路不通，必须及时检查维修，保证管路通畅。

2）明管敷设的一般工序

明装线管一般在土建结束、系统设备安装阶段进行，因此必须认真规划和设计，保证装饰效果。

（1）预制大拐弯的弯头。用专业弯管器制作大拐弯弯头，不能使用注塑的直角塑料弯头，因为注塑的弯头是90°直角拐弯，无法顺畅穿线，曲率半径也不能满足要求。

（2）测位定线。测量和确定安装位置与路由，并且画线标记。一般采取点画线，也不能将线画得太粗，影响墙面美观。实际安装中，一般只标记安装管卡的位置，通过管卡位置确定布线路由，这样能够保持墙面美观。

（3）安装和固定出线盒与设备箱。将接线盒、过线盒以及设备箱等安装到位，一般用膨胀螺栓或者膨胀螺钉固定在墙面。

（4）敷设管路。根据布线路由逐个安装管卡，逐段安装线管，要求横平竖直。

（5）连接管路。用直接头连接各段线管，要求连接牢固和紧密，没有间隙。管路与接线盒、过线盒和设备箱的连接必须牢固。

5.3 线 缆 敷 设

线路是电气工程的基础，线路布放、连接的质量好坏直接影响系统设备能否正常工作，以及影响设备的使用寿命，尤其是带有弱电数字信号传输的电气工程对线路质量的要求更高，系统工作效果的好坏与线路布放是否合理、是否规范直接相关，因此，控制布线的质量是电气工程的重要工作。

5.3.1 一般规定

1. 敷设准备

（1）应检查线缆的型号、规格等是否符合设计要求。

（2）应对线缆进行导通测试。

（3）应检查管路的敷设方式、间距是否符合设计要求。

（4）应根据布线设计，对线缆路由进行长度测算，并依据每盘/卷线缆的长度进行配线，配线长度应留有余量以适应不少于两次的端接、维护。

（5）应检查清理管路，并在管口处加护圈防护，避免损伤线缆。

（6）应根据设计要求，对导管和槽盒进行防潮、防腐蚀、防鼠等处理。

（7）应对敷设准备的过程及结果做相关记录。

2. 敷设要求

（1）线缆的敷设应自然平直，不应交叉缠绕、打圈。

（2）线缆敷设过程及完成后，应避免外力挤压造成线缆结构变形和损伤。

（3）线缆敷设时，应在线缆卷轴处、过线盒、管口处等部位，安排布线安装人员边送线、边收线，逐段敷设，不应强力拖动。

（4）线缆的接续点应留在接线箱或接线盒内，不应留在管路内。

（5）敷设的线缆两端应留有适当余量，线缆两端、检修口等位置应设置标签，以便维护和管理。

（6）布线时电源线与信号线必须分管敷设。

（7）线缆必须敷设在管道内，不得直接敷设在地沟中或墙面上，特殊地方可用线槽。

（8）网络系统的最长信道距离不大于100 m，实际最大值按照约80 m为宜。

（9）线缆在线管出口处必须采取密封防水措施。

（10）穿线的弯曲半径，在布放控制和信号线缆时不小于线缆外径的10倍，在布放普通电源线电缆时不小于导线外径的6倍。

（11）管内穿放双绞线电缆时，管道截面的利用率一般为20%～25%。管道内穿放电源线和控制线等电线，管道截面的利用率一般为20%～25%。

5.3.2 线缆敷设

1. 管道内线缆敷设

管道内线缆敷设的具体步骤如下：

（1）研读图纸、确定出入口位置。研读正式设计图纸，确定某一条线路的走线路径，对照图纸，在安装现场分别找出对应的管道出、入口。

（2）穿引线。选择足够长度的穿线器或钢丝，将穿线器带铁丝引线从管道的一端穿入，从另一端穿出。如果穿线器或钢丝无法穿过整趟管道，建议尝试从另一端重新穿入，或采取两端同时穿入钢丝对绞的方法。图5-1所示为穿线器照片。

穿线器的使用方法如下：

① 将穿线器正确盘装在塑料壳中，并安装好盖板，如图5-2所示。

图5-1　穿线器照片　　　　　　　　　　　图5-2　准备穿线器

② 将穿线器的引线端穿入管道，直至穿出管道的另一头，如图5-3所示。

③ 将束紧器的一端穿过钢弹头孔，整个束紧器穿过钢丝孔绕紧钢弹头，如图5-4所示。

图5-3　穿牵引线　　　　　　　　　　　图5-4　安装束紧器

④ 将线条绕成两个8字形，把需要紧固的电线从8字形上下穿过，把紧扣弹簧往上推紧，再整个塞进皮套内，如图5-5所示。试拉几下确认绑扎牢固，避免在管道中松脱，一次可以拉多根线缆。

单元 5　出入口控制系统工程安装

图5-5　固定线缆

（3）量取线缆。确定实际需要的线缆长度，截取线缆，一般截取线缆的长度应比管道长1 m以上。若无法确定线缆长度，一般采取多箱（卷）取线的方法，首先根据布线管道长度和需要的电缆规格，准备多箱线缆，然后分别从每箱（卷）中抽取一根进行穿线，把两端都穿线到位并且预留长度后，最后剪断电缆。

（4）线缆标记。按照设计图纸和设备编号等规定，用标签纸在线缆的两端分别做上编号。编号必须与设计图纸、设备编号对应一致。

（5）绑扎线缆与引线。将线缆理线和分类，并且进行整理和绑扎，保持美观，并且预留足够的长度。线缆绑扎必须牢固可靠，防止后续安装与调试中脱落和散落，绑扎接点要尽量小、尽量光滑，一般用塑料扎带或者魔术贴绑扎。

（6）穿线。在管道的穿入端安排一人送线和护线，防止缠绕或者打结，在另一端，匀速慢慢拽拉引线，直至拉出线缆的预留长度，并解开引线。拉线过程中，线缆宜与管中心线尽量同轴，保证线缆没有拐弯，整段线缆保持较大的曲率半径。图5-6所示为正确的拉线角度，图5-7所示为错误的拉线角度。

 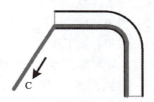

图5-6　正确的拉线角度　　　　　　　图5-7　错误的拉线角度

（7）测试。测试线缆的通断、性能参数等，检验线缆是否在穿线过程中断开或受损。如果线缆断开或受损需要及时更换。

（8）现场保护。将线缆的两端预留部分用线扎捆扎，并用塑料纸包裹，以防后期安装损坏线缆。

2. 直埋线缆敷设

（1）在各楼之间的室外直埋电缆的路径上，应采取长期保护或避让措施，避免电缆受到机械性损伤、化学作用、振动、热影响、虫鼠危害等。

（2）电缆直埋深度应符合下列规定：

① 电缆埋入地下深度应大于0.7 m。在引入建筑物时可以浅埋，但应采取保护措施。

② 在寒冷地区电缆应埋入冻土层以下。当受条件限制时，应采取保护措施，防止电缆受到损坏。

（3）直埋电缆的上、下部应铺设大于100 mm厚的软土或沙层，并加盖保护板，其覆盖宽度应超过电缆两侧各50 mm，保护板可采用混凝土盖板或砖块。软土或沙子中不应有石块或其他尖硬杂物。

（4）直埋电缆必须设置明显的方位标志：

① 直埋段每隔200～300 m。

② 线缆连续点、分支点、盘留点。

③ 线缆路由方向改变处。

④ 与其他专业管道的交叉处等。

（5）直埋电缆回填土前，应照相存档，且隐蔽工程验收合格。回填土应分层夯实。

3. 架空线缆敷设

（1）在桥梁上的电缆应穿管敷设。在人不易接触处，电缆可在桥上裸露敷设，但应采取避免太阳直接照射的措施。

（2）悬吊架设的电缆与桥梁架构之间的净距不应小于0.5 m。

（3）在经常受到震动的桥梁上敷设的电缆，应有防震措施。桥墩两端和伸缩缝处的电缆，应留有松弛部分。

桥架布线的操作步骤：

第一步：确定路由。根据安装图纸，结合现场情况，确定线缆路由。

第二步：量取线缆。根据实际情况量取电缆，一般多预留出至少1 m的长度以备端接。也可采取多箱取线的方法：根据线槽内敷设线缆的数量准备多箱双绞线，分别从每箱中抽取一根双绞线以备使用。

第三步：线缆标记。根据设计图纸与防区编号表，在线缆的首端、尾端、转弯及每隔50 m处，标签标记每条线缆的编号、型号及起、止点等标记。

第四步：敷设并固定线缆。根据线路路由在线槽内铺放线缆，并即时固定。

固定位置应符合以下规定：垂直敷设时，线缆的上端及每隔1.5～2 m处必须固定；水平敷设时，线缆的首、尾两端、转弯及每隔5～10 m处必须固定。

第五步：线路测试。测试线缆的通断、性能参数等，检验线缆是否在敷设过程中断开或受损。如果线缆断开或受损需及时更换。

4. 电缆附件的安装

（1）电缆接头的制作，应由经过培训的熟悉工艺的技工进行。制作时，应严格遵守制作工艺规程。

（2）电缆接头应符合下列要求：

① 型号、规格应与电缆类型要求一致，如电压、芯数、截面、护层结构等。

② 结构应简单、紧凑，便于安装。

③ 全部材料、部件应符合技术要求。

④ 电缆线芯必须连接接线端子，应采用符合标准的接线端子，其内径应与电缆线芯紧密配合，间隙不应过大；截面宜为线芯截面的1.2～1.5倍，采用压接时，压接钳和模具应符合规格要求。三芯线缆接线端子的压接步骤如下：

第一步：剥除线缆外护套。剥除线缆外护套，使得三芯线露出合适长度。

第二步：剥除线芯护套。剥除线芯护套，使得线芯露出合适长度，如图5-8所示。

第三步：插入接线端子。将裸露的线芯插入接线端子，使得线芯露出压接孔，如图5-9所示。

第四步：压接接线端子。用压线钳压紧接线端子，确认压接可靠，如图5-10所示。

图5-8　剥除线缆外护套　　图5-9　插入接线端子　　　　图5-10　压接接线端子

（3）控制电缆在下列情况允许有接头，但必须连接牢固，不应受到机械拉力。
① 敷设的长度超过其制造长度时。
② 需要延长已敷设的电缆时。
③ 排除电缆故障时。

5.4　出入口控制系统设备安装

出入口控制系统的设备均为集成式的一体化设备，各种设备的安装基本为该设备的简单固定，主要工作为各设备之间的接线。本节以西元小区出入控制道闸系统实训装置的安装为例介绍各设备的安装和接线。

1. 出入口控制系统设备安装流程

（1）通道闸定位。根据设计方案图纸，确定好通道闸要安装的位置、走向。确保地面平整，如果地面不平，一定要垫平，要和甲方沟通好安装位置。

（2）开槽。走明线就不需要开槽，走暗线就需要在地面下方开槽，一般走两根PVC管，一根走强电，一根走弱电。

（3）摆闸固定。固定摆闸位置，利用膨胀螺钉固定，水平对称，前后对称均匀一致，根据不同类型通道闸的特点和实际需求，确认通道的宽度。

（4）设备固定好后，用手轻推设备，确认设备固定牢固。

（5）设备确认安装完毕后，连接设备之间的相关线缆，并做好线标。

2. 设备安装与接线

1）主控制柜设备的安装与接线

如图5-11所示，依次在主控制柜内，对应安装出入口控制系统相关设备，并完成各设备之间的接线。

（1）供电设备的安装与接线。将漏电保护开关、交换式直流电源、应急电源等供电设备分别安装在对应位置，如图5-12所示，注意安装位置准确，安装牢固可靠。将外接电源线接入漏电保护开关的输入端，输出端对应连接直流电源的输入端。

（2）一体化道闸主电路板的安装与接线。将一体化道闸主电路板固定安装在主控制柜内的对应位置，如图5-13所示，将其电池-电源端口分别连接应急电源的端口和直流电源的输出端口。

图5-11　主控制柜设备安装布局图　　图5-12　安装供电设备　　图5-13　安装控制主电路板

（3）永磁直流电动机的安装与接线。将永磁直流电动机固定安装在主控制柜的传动装置台上，如图5-14所示，将其信号线"电机"端口模块，插接在一体化道闸主电路板的"电机"端口上，如图5-15所示。

图5-14　安装电动机　　　　　　　　　　图5-15　电动机接线

（4）电磁限位控制器的安装与接线。将三个电磁限位控制器分别固定安装在电动机旁边的四个安装支架上，参见图5-14，将其信号线"到位检测"端口模块，插接在一体化道闸主电路板的"到位检测"端口上，如图5-16所示。

（5）通行指示屏的安装与接线。将通行指示屏固定安装在主控制柜盖板的对应位置，将其信号线"顶灯板"端口模块，一端插接通行指示屏的端口上，另一端插接在一体化道闸主电路板的"顶灯板"端口上，如图5-17所示。

图5-16　电磁限位控制器接线　　　　　　图5-17　通行指示屏安装与接线

（6）语音提示播放器的安装与接线。将语音提示播放器固定安装在主控制柜内部的对应位置，将其信号线"语音"端口模块插接在一体化道闸主电路板的"语音"端口上，如图5-18所示。

（7）红外对射探测器接收端的安装与接线。将四个红外对射探测器接收端分别对应安装在主控制柜内对应的位置，将其引出的信号线另一端插接在一体化道闸主电路板的"红外检测"端口上，如图5-19所示。

单元 5　出入口控制系统工程安装

图5-18　语音提示播放器安装与接线

图5-19　红外对射探测器接收端安装与接线

（8）AI动态人脸识别机的安装与接线。将AI动态人脸识别机安装在主控制柜盖板的安装孔上，安装时首先将人脸机的七根信号线穿过安装孔，根据实际环境调整位置无误后，拧紧人脸识别机自带的螺钉，可靠安装，如图5-20所示。

将信号线"人脸识别机"端插接在人脸识别机的韦根接口上，"韦根一"端插接在一体化道闸主电路板的"韦根一"端口上，如图5-21所示。

图5-20　安装AI动态人脸识别机　　　　　图5-21　AI动态人脸识别机接线

（9）RFID射频识别控制器的安装与接线。将射频识别控制器安装在主控制柜内部与刷卡区域对应的位置，接线端子一面向外面安装，如图5-22所示。

图5-22　安装RFID射频识别控制器

将信号线"串口接口"一端接在射频识别控制器接口端子上，另一端插接在控制主板的"串口二"端口上，如图5-23所示。

（10）指纹识别控制器的安装与接线。将指纹识别控制器安装在主控制柜内部与指纹区域对应的位置，将信号线"串口接口"一端接在指纹识别控制器接口端子上，另一端插接在控制主板的"串口一"端口上，如图5-24所示。

图5-23 RFID射频识别控制器接线　　　　图5-24 指纹识别控制器接线

2）副控制柜设备的安装与接线

副控制柜内主要包括一体化控制副板、通行指示屏、永磁直流电动机、电磁限位控制器、红外对射探测器发射端、RFID射频识别控制器、指纹识别控制器和AI动态人脸识别机，如图5-25所示。依次在副控制柜内对应安装出入口控制系统相关设备，并完成各设备之间的接线。

图5-25 副控制柜设备安装布局图

副控制柜内设备的安装与接线，基本与主控制柜类似，这里不再做重复说明，部分设备接线的区别如下：

（1）指纹识别控制器的信号线缆插接在一体化控制副板的"串口三"端口。

（2）RFID射频识别控制器的信号线缆插接在一体化控制副板的"串口四"端口。

（3）AI动态人脸识别机的韦根接口信号线缆插接在一体化控制副板的"韦根二"端口。

（4）红外对射探测器发射端的信号线缆插接在一体化控制副板的"红外发射"端口。

3）主、副控制柜之间的接线

将同步信号线的两端分别连接一体化控制主、副板板的"同步线"端口，如图5-26所示，完成副板与主板信息及动作的同步，副板工作电源、数据信号的传输均由同步信号线完成。

图5-26 用同步信号线连接主、副板

3. 一体化控制板接线示意图

一体化控制板根据出入口控制系统的功能需求、所选型设备的不同，可通过单独的一体化控制板来实现，也可通过一体化道闸主电路板和副板结合使用来实现，其各种功能接口用于连接出入口控制系统相关的器材设备。图5-27所示为一体化控制板接线示意图。

单元 5 出入口控制系统工程安装

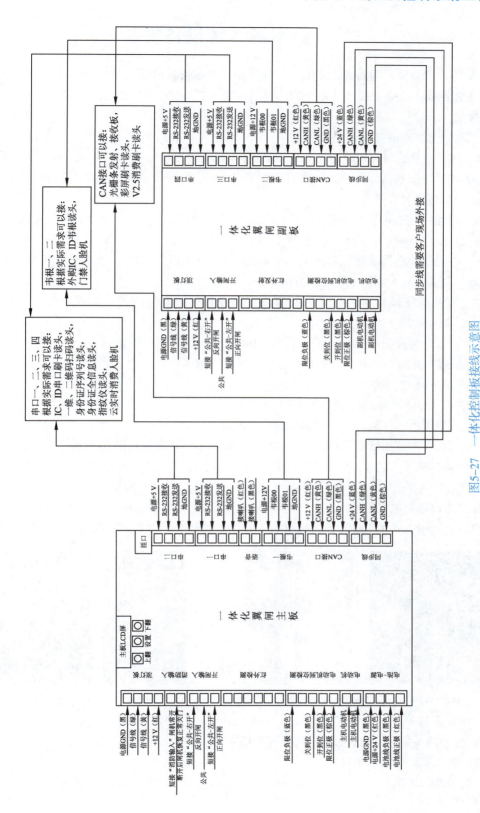

图5-27 一体化控制板接线示意图

5.5 停车场系统设备安装

停车场系统的设备均为集成式的一体化设备，各种设备的安装基本为该设备的简单固定，主要工作为各设备之间的接线。本节以西元智能停车场实训装置的安装为例介绍各设备的基本安装和接线。

1. 停车场系统设备安装流程

（1）按照图纸，将设备放置在安全岛上各自的安装位置，放置设备时应保护下面的管线。

（2）按照图纸确认设备位置无误后，用铅笔将设备底座安装孔描画在安装平面上，并标记中心点，然后将设备移开。

（3）用相应钻头的电锤垂直向下打安装孔，孔深为10 cm左右，转出的土石要及时清理干净，且打好的孔中应没有杂物。

（4）将设备配套的膨胀螺栓压入每个安装孔中，并用螺母固定，要求固定好的膨胀螺栓不能随螺母一起转动，且露出的螺杆部分应小于4 cm。

（5）旋掉膨胀螺栓上的螺母并保存好，将设备放入安装位置，要求螺杆均插入底座固定孔。

（6）在每个螺杆上放下一个平垫片及一个弹簧垫片，用螺母锁紧。

（7）设备固定好后，用手轻推设备，确认设备固定牢固。

2. 设备安装与接线

1）出入口部分设备安装与接线

（1）入口识别一体机和入口道闸的安装与接线：

① 根据设备安装图纸将入口识别一体机和入口道闸固定安装在相应位置。

② 用M6的螺钉、螺母、垫片将道闸和一体机固定在一起，如图5-28所示。

③ 将做好线标的入口一体机电源线（11号），"入口一体机电源"端接在入口一体机空开输入端，"入口道闸电源"端接到入口道闸空开的输入端，如图5-29所示。用道闸自带的双排线（黑红），将道闸空开输出端和控制板上的"火""零""地"接线端子连接，如图5-30所示。

图5-28　固定道闸和一体机　　　　　　图5-29　一体机电源线接线

④ 将做好线标的入口道闸电源线（16号），"入口道闸电源"端接在入口道闸空开输入端，安装三相插头的一端通过过线孔留在一体机外部，如图5-31所示。

（2）图像采集摄像机安装与接线

① 用M5螺钉将摄像机支座上半部分固定在摄像机底部，并紧固牢靠，如图5-32所示。

单元 5　出入口控制系统工程安装

图5-30　道闸控制板接线

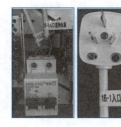
图5-31　道闸电源线接线

② 用M5螺钉将摄像机支座下半部固定在一体机上部，暂不紧固，如图5-33所示。

③ 用M6螺钉将摄像机支座上下部分固定在一起，暂不紧固，如图5-34所示。

图5-32　相机支架安装

图5-33　一体机支架安装

图5-34　相机安装（侧面、背面）

④ 将摄像机网线（17号）、摄像机电源线（10号）、摄像机信号线（8号）、显示屏信号线（9号）穿入摄像机外壳内部。

⑤ 将做好标记的入口摄像机电源线（10号）、"入口摄像机电源"端接在摄像机电源L、N接线端子上，如图5-35所示。

⑥ 将做好线标的摄像机网线（17号）、"入口摄像机网线"端插在摄像机控制板网口上，如图5-36所示。

⑦ 将做好线标的入口摄像机信号线（8号）、"入口摄像机"端接在摄像机控制板上"公共""起闸"接线端子上，如图5-37所示。

⑧ 将做好线标的入口显示屏信号线（9号）、"入口摄像机"端接在摄像机控制板的A1、B1接线端子上，如图5-38所示。

图5-35　摄像机电源线

图5-36　摄像机网线

图5-37　摄像机信号线

图5-38　显示屏信号线

⑨ 将入口摄像机电源线（10号）、"入口显示屏电源"端接在一体线性电源AC-L、AC-N段子上，如图5-39所示。

⑩ 将入口摄像机信号线（8号）、"入口道闸"端接在道闸控制板上"公共""开"接线端子上，如图5-40所示。

⑪ 将入口显示屏信号线（9号）、"入口显示屏"端接在显示屏控制板上A、B接线端子上，如图5-41所示。

图5-39　摄像机电源线　　图5-40　摄像机信号线　　图5-41　显示屏信号线

注：出口设备的安装与接线可参考上述内容，注意做好线标即可。

2）场区部分设备安装与接线

（1）入口信息屏安装与接线：

① 将入口信息屏摆放到模拟车库右侧，并调整入口引导屏幕的位置，使入口信息屏与模拟车库正面平齐，并于模拟车库立柱固定，安装效果图如图5-42所示。

② 将做好线标的入口信息屏信号线（6号）穿过过线孔，"入口信息屏控制板"端接到入口信息屏控制板的A、B接线端子上，"车位检测器150"端接在150号视频车位检测器485接口上，如图5-43所示。

图5-42　安装效果图

③ 将做好线标的入口信息屏电源线（15号）穿过过线孔，"入口信息屏电源"端接在入口信息屏内空开输入端，三相插头端留在入口信息屏外部，如图5-44所示。

图5-43　连接入口信息屏信号线　　　　图5-44　连接入口信息屏电源线

④ 将设备自带的电源线接到入口信息屏内空开输出端，如图5-45所示。

⑤ 用扎带将入口信息屏信号线、电源线捆扎整齐，如图5-46所示。

图5-45　连接设备自带线路　　　　　图5-46　固定线路

（2）室内引导屏安装与接线：

① 将室内引导屏固定在模拟车库顶部中间位置，参见图5-42。

② 将做好线标的室内引导屏信号线（3号）穿过过线孔，"室内引导屏控制板"端接在引导屏控制板上A、B接线端子上，"视频车位检测器120"端接在120号视频车位检测器485接口上，如图5-47所示。

③ 将做好线标的室内引导屏电源线（4号）穿过过线孔，"室内引导屏电源"端接到室内引导屏电源L、N接线端子上，"车位检测器电源220 V"端接在视频车位检车器电源220 V接线端子上，如图5-48所示。

图5-47　连接室内引导屏信号线

图5-48　连接室内引导屏电源线

（3）视频车位检测器的安装与接线。

① 视频车位检测器安装：

第一步：将视频车位检测器尾部的固定螺母拆下。

第二步：将视频车位检测器的引线，依次穿过车位顶部孔板、亚克力板、固定螺母。

第三步：使用从视频车位检测器上拆下的固定螺母，将100号视频车位检测器安装到1号车位上，如图5-49所示。

（模拟车库中车位从左到右编号，依次为1号、2号、3号、4号、5号、6号）

第四步：按照以上步骤将110号、120号、130号，140号、150号视频车位检车器，依次安装到2、3、4、5、6号车位上。

图5-49　安装车位检测器

② 视频车位检测器接线：

第一步：用5根做好线标的视频车位检测器间网线（2号），将6个视频车位检测器经网口连接起来，如图5-50所示。

第二步：用5根做好线标的视频车位检测器间电源线（1号），将6个视频车位检测器的DC 12 V接口连接起来，如图5-51所示。

第三步：将做好线标的视频车位检测器网线（18号），"车位检测器"端插到150号视频车位检测器空余的网口上。

第四步：将做好线标的视频车位检测器电源线（5号），"车位检测器150"端接到150号视频车位检测器的DC 12 V接口上，"车位检测器电源12 V"端接到视频车位检车器电源12 V接线端子连接，如图5-52所示。

第五步：用扎带将视频车位检测器网线、电源线捆扎整齐。

图5-50　连接设备间网线　　　图5-51　连接设备间电源线　　　图5-52　连接总电源线

5.6　可视对讲系统设备的安装

1. 单元门口机的安装

单元门口机是可视对讲系统的关键设备，也是使用最为频繁的设备，安装的可靠性和维护性直接决定该单元的正常使用，也关乎用户体验。如果出现故障，该单元全体住户都受影响，无法正常出入，也存在安全隐患。

1）安装方式

根据实际工程安装经验，单元门口机的安装方式主要有以下三种：

（1）预埋式安装在墙体：将单元门口机安装在土建预留的墙体中，如图5-53所示。

（2）嵌入式安装在门扇上：将单元门口机嵌入式安装在安全门的门扇上，如图5-54所示。

（3）嵌入式安装在专门的立柱上：将单元门口机安装在安全门附近的专门立柱上，如图5-55所示。

图5-53　安装在墙体中　　　图5-54　安装在门扇上　　　图5-55　安装在专门的立柱上

2）安装方法和步骤

下面以安装在墙体的单元门口机为例，介绍主要安装方法和步骤，如图5-56所示。

（1）安装单元门口机的底盒。在单元门口墙面预留的洞内，安装单元门口机的底盒。如果墙面没有预留洞，可按照单元门口机的底盒尺寸，在墙上开一个安装洞和穿线孔。要求高度能够保证门口机安装后，其摄像头距离地面1.5 m左右。不同品牌的门口机，开孔尺寸不同，具体按照产品说明书规定。

（2）穿线。首先将底盒穿线孔与洞内预埋管的出口对齐，然后把前期已经安装的线缆穿入底盒内，最后用自攻螺钉固定底盒。

如果底盒穿线孔与洞内预埋管的出口位置错位，可在底盒重新开孔，方便穿线。

底盒安装应该保证横平竖直,这样门口机也就横平竖直了。底盒不高于墙面,保证门口机紧贴前面,没有间隙。

(3)接线。按照接线图将电源线、控制线和信息线接入或插入门口机。注意在底盒内预留适当长度,方便调试和运维。预留线应整理和绑扎,不能受到挤压。

(4)套入橡胶密封圈。一般门口机都带有橡胶密封圈,保证面板和底盒之间的密封,保护电路板不受潮。在固定面板之前,一定要安装好橡胶密封圈。

(5)固定面板。单元门口机通电测试合格之后,用螺钉固定面板。注意在固定时,对角线均匀安装且拧紧螺钉,保证面板平整,没有变形,密封良好。

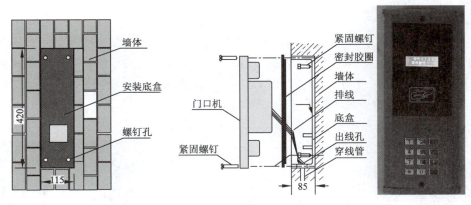

图5-56 墙体安装的单元门口机

3)安装注意事项
(1)单元门口机安装位置应便于操作,同时避免雨淋,无法避免时采取防雨措施。
(2)安装位置应考虑夜间可见光补偿,以保证夜间图像显示效果。
(3)门口机安装后,应调整内置摄像头的角度,使其视角最佳,看清人脸。
(4)摄像头不能面对直射的阳光或者强光,尽量让摄像头前的光线均匀,以保证图像显示效果。

2. 室内机的安装

室内机一般壁挂安装在室内的门口内墙上,安装高度中心距离地面1.3~1.5 m。室内机的主要安装内容如下:

(1)预埋好86底盒,预留位置、高度等应符合设计要求。86底盒离其他开关的水平距离不小于20 cm,以86底盒中心点距离地面约145 cm(建议高度),将连接分机线从86底盒进线孔穿过,线缆预留30 mm左右。

(2)用安装螺钉将室内机配套的壁挂支架固定安装在86底盒上,壁挂支架安装后要横平竖直。

(3)正确插接好分机线,将分机底部的壁挂口对准支架挂钩,按下分机并向下拉至稳固。图5-57所示为壁挂式室内机的安装示意图。

3. 闭门器的安装

在可视对讲系统工程中,闭门器的安装位置和牢固非常重要,如果安装不当,门扇就不能自动关闭,安装不牢固,容易损坏或者掉落,门禁系统就会失效。

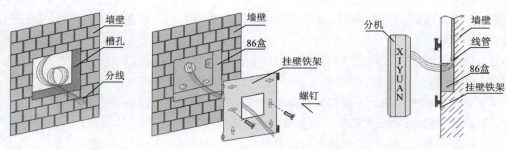

图5-57 壁挂式室内机的安装示意图

1) 常见的安装方式

（1）标准安装

闭门器的支座安装在门框上，闭门器安装在门扇上，并且在门扇合页侧安装。这种安装方式适合于门框较窄，没有足够空间的情况；适用于开门方向没有障碍物，门开到足够大的角度时，闭门器也不会撞击到外物。图5-58所示为标准安装的内开门，图5-59所示为标准安装的外开门，图5-60所示为标准安装的外开门实景照片。

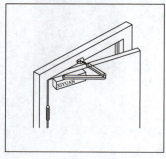

图5-58 标准安装内开门

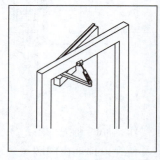

图5-59 标准安装外开门

图5-60 标准安装外开门照片

（2）头顶安装

闭门器安装在门框上，支座安装在门扇上，且闭门器装在推门侧。这种安装方式适用于门框较宽，有足够的空间安装闭门器。图5-61所示为头顶安装的内开门，图5-62所示为头顶安装的外开门，图5-63所示为头顶安装的外开门照片实景照片。

与标准安装比较，这种安装方式适用于开门方向有墙等障碍物的情况。这种安装方式的关门力较大，适用于较大和较重的安全门。

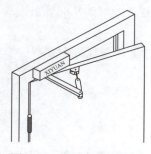

图5-61 头顶安装内开门

图5-62 头顶安装外开门

图5-63 头顶安装外开门照片

2) 闭门器安装步骤

闭门器一般都有使用说明书和安装样板，因此必须首先阅读说明书，然后根据开门方向、闭门器机身、连接座与门铰链间的安装尺寸来确定具体安装位置。图5-64所示为闭门器安装实景照片。

图5-64 闭门器安装实景照片

（1）确定安装螺钉的位置，然后钻孔、攻丝。
（2）用螺钉安装闭门器机身。
（3）安装固定连接座。
（4）用螺钉安装驱动板。
（5）将调整杆调节到与门框成90°，然后把连接杆与驱动板连接在一起。
（6）装上闭门器盖板，它可以用来接住闭门器漏出的液压油。
（7）安装完毕后，检查各固定螺钉是否紧固，不得有松动或不牢固的现象。将门开启至最大开门位置，检查闭门器的铰接转臂是否与门或门框相碰或摩擦。

4. 门禁锁的安装

可视对讲系统常用的门禁锁一般有电控锁、电磁锁和电插锁三种，门禁锁的安装大同小异，下面以电插锁为例介绍其安装步骤。

（1）确定安装位置。将门关上后，确定门和门框的中心线，如图5-65所示。
（2）粘贴贴纸。在中心线的对齐贴上贴纸标记，贴纸是电插锁安装所配的专用贴纸，上面显示有需要打孔的位置，如图5-66所示。

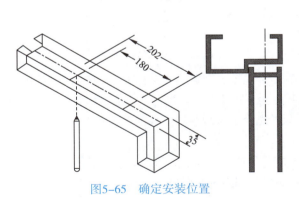

图5-65 确定安装位置　　　　　　图5-66 粘贴贴纸

（3）开孔。在贴纸上开孔位置分别在门框处打出孔眼，如图5-67所示。
（4）切割。使用手持砂轮机将锁钻的孔间切割开，如图5-68所示。
（5）安装。将锁体安装固定在孔槽中，用螺钉固定住，如图5-69所示。这时要注意锁舌的位置，要与之后安装的锁扣位置对准。将锁扣安装上，检查锁舌与锁扣安装是否到位，锁体安装是否牢固。图5-70所示为电插锁在玻璃门上的安装图。

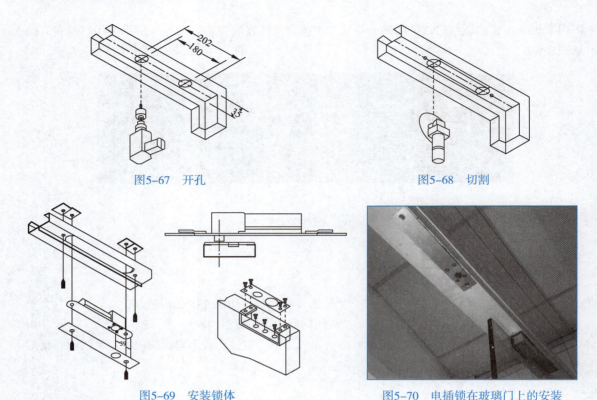

图5-67 开孔　　　　　　　　　图5-68 切割

图5-69 安装锁体　　　　　　　图5-70 电插锁在玻璃门上的安装

典型案例8　常见的手机出入口控制系统

在互联网+、物联网、移动智能化的影响下，以智能手机应用为载体的出入口控制系统得到了很大的发展，进入了基于移动互联网平台的智能化阶段。手机出入口控制系统是指将虚拟身份凭证安全地进行配置，并可靠地嵌入到智能手机或其他移动设备中，结合门禁控制器和闸机等设备，实现出入人员的控制与管理。常见的虚拟身份凭证有二维码、蓝牙技术、NFC技术等。

1. 二维码出入口控制系统

1）系统概述

二维码是指特定的几何图形，按一定规律在平面（二维方向）上分布成黑白相间的矩形方阵，并记录数据符号信息。二维码出入口控制系统是以二维码为出入凭证，以智能手机作为凭证载体，将二维码识别技术与互联网科技手段相结合，实现系统的数据传输和出入控制。

2）工作原理

二维码出入口控制系统一般包括控制主机、门禁控制器、二维码识读设备和配套软件等，还可与道闸系统集成，实现系统出入口控制功能。该系统有两种工作模式：一种是扫描动态二维码；另一种是反扫二维码。

模式一：扫描动态二维码。该模式是在通道或门口处设立门禁控制器，可与道闸系统联动使用，并配备有动态二维码显示器，出入人员通过手机微信公众号或App应用，扫描显示器上不断动态变化的二维码，通过权限认证后方可通过，二维码时限或次数到期后，系统自动注销通行权限。图5-71所示为常见的动态二维码显示器，图5-72所示为该系统模式下的工作流程图。

单元 5　出入口控制系统工程安装

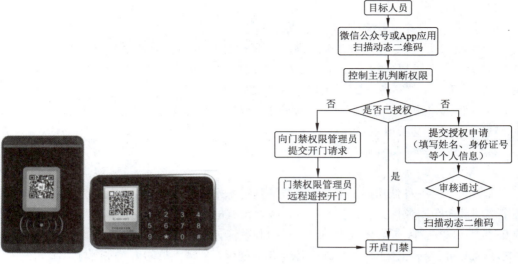

图5-71　常见的动态二维码显示器　　　图5-72　扫描动态二维码的开门流程

模式二：反扫二维码。该模式是在系统中配置反扫二维码读卡器，出入人员通过智能手机微信公众号或App，打开二维码或者凭打印的二维码通行票，在反扫二维码读卡器上进行识读，通过权限认证后方可通过，二维码时限或次数到期后，系统自动注销通行权限。图5-73所示为常见的反扫二维码读卡器，图5-74所示为该系统模式下的工作流程图。

图5-73　常见的反扫二维码读卡器

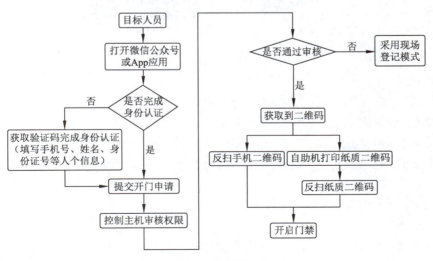

图5-74　反扫二维码的开门流程

153

3）系统优势

二维码出入口控制系统具有以下优势：

（1）以二维码为凭证，以智能手机作为凭证载体，无须大量使用卡片，降低了系统成本。

（2）二维码可以设置为按时限使用或按次使用，过期作废，避免了传统门禁卡"携带不便""卡片丢失""容易被复制和破解"等问题，更加安全便捷。

（3）出入口管理、访客管理、考勤管理等功能更加方便完善，系统更加智能化、互联互通化，提高了管理人员的工作效率。

2. 基于蓝牙技术的出入口控制系统

1）系统概述

蓝牙技术是一种低功率短距离的无线通信技术标准的代称，可实现固定设备、移动设备和楼宇之间的短距离数据交换，使不同的设备在没有电线或电缆连接的情况下，能在近距离范围内互用、互操作。基于蓝牙技术的出入口控制系统，是以蓝牙技术作为系统数据传输的，通过智能手机App与控制主机的互相核验，获得出入权限，实现人员的出入控制与管理。

2）工作原理

基于蓝牙技术的出入口控制系统一般包括控制主机、门禁控制器、蓝牙通信模块和配套软件等，系统设备端安装蓝牙通信模块作为蓝牙接收器，移动端安装专用App来调用蓝牙口令，同时可与道闸系统集成使用，实现出入人员的控制与管理。

用户在靠近门口时打开App，手机自动与门禁控制器的蓝牙通信模块匹配连接，实现蓝牙协议对接，并向控制主机发送开门请求信号，系统审核通过后发送开门指令，门禁控制器接收指令，并控制电锁开启，用户从而获得出入权限，手机远离系统后自动断开连接。

蓝牙通信模块是指集成蓝牙功能的基本电路芯片，一般内嵌于门禁控制器中，通常有直插式和贴片式两种，如图5-75所示。

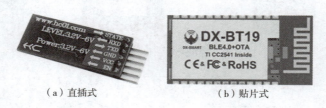

（a）直插式　　　　　　（b）贴片式

图5-75　常见的蓝牙通信模块

3）系统优势

基于蓝牙技术的出入口控制系统具有以下优势：

（1）采用无线通信方式，技术成熟，传输范围大，工作频率高，通信稳定。

（2）设备之间的路由简单，功耗低，升级改造容易且成本低。

（3）系统无须网络和卡片，使用更加方便快捷，数据传输过程中需要加密和认证，安全性能较高。

3. 基于NFC技术的出入口控制系统

1）系统概述

NFC即近距离无线通信技术，通过非接触式射频识别技术及互联互通技术整合演变而来，能够在移动设备、消费类电子产品、PC和智能控件工具间进行近距离无线通信。基于NFC技术的出入口控制系统是以NFC芯片作为虚拟身份凭证，以带有NFC功能的智能手机作为载体，通过无线通信方式传输数据，实现人员的出入控制与管理。

2）工作原理

基于NFC技术的出入口控制系统，一般包括控制主机、NFC发卡器、门禁控制器、NFC门禁读头等设备，配套有相应软件，同时可与道闸系统联动使用，实现门禁功能。

将个人身份信息录入NFC标签并进行授权后，人员即可持内置有NFC标签的智能手机与门禁读头进行无线通信，门禁读头将读取出的信息实时传送给门禁控制器，并进一步传送至控制主机，经审核通过后，人员即可获得出入权限。

图5-76　NFC发卡器

NFC发卡器能够对NFC标签进行读写和授权，如图5-76所示；NFC门禁读头一般安装在门禁控制器上，与智能手机实现近距离无线通信，如图5-77所示。

3）系统优势

基于NFC技术的出入口控制系统具有以下优势：

图5-77　NFC门禁读头

（1）与密码识别、卡片识别等出入口系统相比，NFC系统的安全性和便利性更高，主要表现在：系统结构简单，识别速度快，采用集中式管理，用户无须携带多种卡即可完成出入控制、访客管理、考勤管理、非现金交易等操作。

（2）与蓝牙等移动智能出入口控制系统相比，NFC系统的制作成本更低，只需要把NFC功能模块搭载到移动终端，且它的保密性和安全性更高，主要表现在：耗电量低且一次只能连接一台机器，短距离建立连接速度快，无线连接时需要密钥等。

智能手机出入口控制系统与其他出入口控制系统相比，有很多优点，如工作频率高、升级改造容易、成本低廉、抗干扰性强、安全性高等。高新技术的不断成熟和发展，将使得智能手机出入口控制系统拥有更加广阔的发展空间。

习　题

1. 填空题（10题，每题2分，合计20分）

（1）出入口控制系统工程的安装质量直接决定工程的_____、稳定性和_____等，安装人员不仅需要掌握基本操作技能，也需要一定的管理知识。（参考引言）

（2）参加技术交底会前，各方应提前认真熟悉安装图纸及有关资料，包括工程特点、_____、工艺要求、_____等。（参考5.1知识点）

（3）应清楚敷设管道电缆和直埋电缆的路由状况，并已对各管道标出_____。（参考5.1知识点）

（4）每个设备的用途和安装部位不同，每种设备配置的零器件也不相同，因此必须按照_____仔细核对和检查，保证全部设备和部件符合_____和工程需要。（参考5.1知识点）

（5）管路敷设遵循路线最短、_____原有强电、防水层的原则。（参考5.2.1知识点）

（6）敷设的线路两端应留有_____，线缆两端、检修口等位置应设置_____，以便维护和管理。（参考5.3.1知识点）

（7）线缆在线管出口处必须采取_____措施。（参考5.3.1知识点）

（8）电缆埋入地下深度应大于_____。（参考5.3.2知识点）

（9）电缆接头的_____应与电缆类型要求一致，如电压、芯数、截面、护层结构等。（参考5.3.2知识点）

（10）设备固定好后，用手轻推设备，确认设备_____。（参考5.4知识点）

2．选择题（10题，每题3分，合计30分）

（1）线管固定间距：使用管夹固定时，钢管的固定间距必须小于（　　），PVC管固定间距小于（　　）。（参考5.2.1知识点）

  A．2 m B．1.8 m C．1.5 m D．1.2 m

（2）线管每隔（　　）m，需做60 cm×60 cm的手井。（参考5.2.1知识点）

  A．5 B．10 C．15 D．20

（3）电源线用PVC管时，与信号线的管间距不小于（　　），用铁管时，与信号线间距可缩小至（　　）。（参考5.2.1知识点）

  A．20 cm B．15 cm C．10 cm D．5 cm

（4）线管埋在地下时，水泥路面距离地面不得小于（　　），花圃路面距离地面不得小于（　　）。（参考5.2.1知识点）

  A．20 cm B．30 cm C．40 cm D．50 cm

（5）配线长度应留有余量以适应不少于（　　）次的端接、维护。（参考5.3.1知识点）

  A．1 B．2 C．3 D．4

（6）IP网络系统的最长信道距离不大于（　　），实际最大值按照约（　　）为宜。（参考5.3.1知识点）

  A．110 m B．100 m C．90 m D．80 m

（7）管内穿放双绞线电缆时，管道截面的利用率一般为（　　）。管道内穿放电源线和控制线等电线，管道截面的利用率一般为（　　）。（参考5.3.1知识点）

  A．20%～25% B．25%～30% C．30%～35% D．35%～40%

（8）直埋电缆每隔（　　）距离应设置线缆标志。（参考5.3.2知识点）

  A．50～100 m B．100～200 m C．200～300 m D．300～400 m

（9）悬吊架设的电缆与桥梁架构之间的净距不应小于（　　）。（参考5.3.2知识点）

  A．0.2 m B．0.5 m C．0.8 m D．1.0 m

（10）电缆线芯必须连接接线端子，应采用符合标准的接线端子，其内径应与电缆线芯紧密配合，间隙不应过大，截面宜为线芯截面的（　　）倍。（参考5.3.2知识点）

  A．0.8～1.0 B．1.0～1.2 C．1.2～1.5 D．1.5～2.0

3．简答题（5题，每题10分，合计50分）

（1）简述管路敷设的一般顺序。（参考5.2.1知识点）

（2）简述管道内线缆的敷设步骤。（参考5.3.1知识点）

（3）简述出入口控制系统设备安装流程。（参考5.4知识点）

（4）简述停车场系统出入口设备安装流程。（参考5.5知识点）

（5）简述门口机的安装方式及其安装步骤。（参考5.6知识点）

单元 5　出入口控制系统工程安装

实训项目7　停车场系统基本操作实训

1. 实训任务来源
停车场系统的基本操作是系统调试和运维人员必备的岗位技能，正确的调试和及时的运行维护，直接关系到停车场系统的正常使用。

2. 实训任务
熟悉停车场系统的基本功能操作方法，独立完成各项功能的操作控制。

3. 技术知识点
（1）车牌管理软件的安装与调试方法。
（2）车位引导与反向寻车管理软件的安装与调试方法。

4. 实训课时
（1）该实训共计2课时完成，其中技术讲解10分钟，视频演示10分钟，学员操作60分钟，实训总结10分钟。
（2）课后作业2课时，独立完成实训报告，提交合格实训报告。

5. 实训指导视频
ACS-实训51-停车场系统基本操作实训

视频

停车场系统基本操作实训

6. 实训设备
西元智能停车场系统实训装置，产品型号KYZNH-07-3。

本实训装置专门为满足停车场系统的工程设计、安装调试等技能培训需求开发，配置有图像采集摄像机、视频车位检测器、查询机、入口信息显示屏、室内引导屏及管理软件等，特别适合学生认知和技术原理演示，具有工程实际使用功能，能够在真实的应用环境中进行工程安装实践和操作管理，理实合一。

7. 实训步骤
1）预习和播放视频

课前应预习，初学者提前预习，请扫描二维码观看实操视频，熟悉停车场系统管理软件的操作内容和方法。

2）实训内容

西元智能停车场系统实训装置中配置了专用的车牌识别、车位引导及反向寻车管理软件，车牌识别软件用于对出、入的车辆进行拍照、识别、记录和查询；车位引导管理软件用于停车场车位数量的统计和管理；反向寻车管理软件用于查询车辆停放位置，显示最优寻车路线，帮助快速寻找车辆。独立完成下列基本操作，掌握停车场系统的管理与运维。

（1）设备接线：用网络双绞线，将计算机、反向查询机分别连接至网络交换机。

（2）系统通电：接通电源后，打开设备的漏电保护开关，此时系统通电，设备启动。

（3）反向寻车

① 单击软件主页任意位置，在查询车辆页面输入admin88，单击"返回"按钮，如图5-78所示。

② 在后台登录页面，输入用户名123456，密码123456，单击"登录"按钮跳转到后台管理页面，如图5-79所示。

157

图5-78 查询车辆页面

图5-79 登录界面

③ 单击"系统设置"按钮，系统将跳转到系统设置页面，如图5-80所示。

④ 输入视频车位引导服务器的IP地址、用户名、密码（只支持数字）。

⑤ 单击"设置本机"按钮，将出现本机查询机的图标，拖动查询机的位置，系统会自动保存该位置，如图5-81所示。

图5-80 系统设置

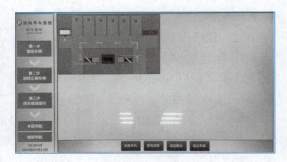
图5-81 本机设置

⑥ 反向寻车操作。

第一步：查询车辆。可通过"输车牌查找"、"按时间查找"、"按车位查找"和"无牌车查找"四种查询方式进行查找，如图5-82所示。

- 输车牌查找方法：按照车牌顺序输入至少2位字母或数字，即可查询，如京AD8888，输入D8。
- 按时间查找方法：输入大概的停车时间，如果不是当天，请在第一个输入框中输入日期。例如，今日13:10:20停车，则在第二个输入框中输入13，如图5-83所示。
- 按车位查找方法：输入车辆停放车位的编号，如停车位是A16，输入A16或16。
- 无车牌查找方法：若车还未上牌或设备未能检测到车牌时，可通过选择车辆图片进行查找。

图5-82 查询主页

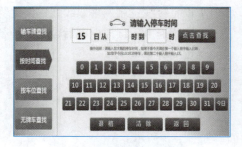
图5-83 按时间查询

第二步：车牌查找步骤。

- 选择"车牌查找"选项，输入车牌号，如"陕AV1876"，单击"点击查找"按钮，如图5-84所示。
- 根据图片找到查询车辆，可点击查看大图，同时可看到车辆停放的详细信息，如图5-85所示。

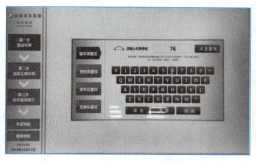

图5-84　输入查询信息

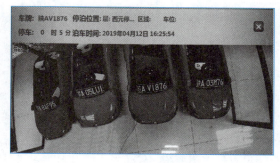

图5-85　查看结果

- 查询路线。确定车辆后点击查询路线，系统会跳到找车路线指引，规划出最佳的寻车路线，如图5-86所示。

（4）电子地图的制作：

① 根据场地绘制停车场平面图，只需表达出建筑格局及道路的情况即可。

② 将整个平面地图可以通行的所有通道用标准的颜色来标识，颜色标准为RGB：170,170,170，如图5-87所示。其他建筑以及无法通行的建筑或障碍物都需要与这个颜色区分开，这样程序才能通过颜色来识别可通行的道路，到达寻路的目的。

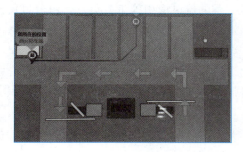

图5-86　查询路线

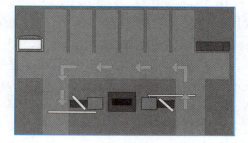

图5-87　停车场平面图

③ 将平面图导出保存为JPG格式，在软件中调用。

8. 实训报告

按照单元1表1-1所示的实训报告要求和模板，独立完成实训报告，2课时。

实训报告

单元 6

出入口控制系统工程调试与验收

工程的调试是工程竣工前的重要技术阶段，只有完成调试和检验才能进行工程的最终验收，也标志着工程的全面竣工。调试和验收直接决定整个工程的质量和稳定性。本单元将重点介绍出入口控制系统、停车场系统和可视对讲系统工程调试与验收的关键内容和主要方法。

学习目标：
- 掌握出入口控制系统、停车场系统和可视对讲系统工程调试的主要内容和方法。
- 掌握出入口控制系统、停车场系统和可视对讲系统工程检验和验收的主要内容。

6.1 工程调试

6.1.1 调试要求

出入口控制系统、停车场系统和可视对讲系统工程的调试应由施工方负责，由项目负责人或具有工程师、技师等资格的专业技术人员主持，必须提前进行调试前的准备工作。

1. 调试前的准备工作

（1）编制调试方案。系统调试前，应依据设计文件、设计任务书、施工计划等资料，并根据现场情况、技术力量及装备情况等综合编制系统调试方案。系统调试方案一般包括组织、计划、流程、功能/性能目标等内容。

（2）编制整理竣工技术文件，作为竣工资料长期保存，应包括但不限于项目概况表、系统需求分析措施表、系统点数表、系统图、施工图、材料表等。

（3）整理各种相关资料，详细了解系统的组成及布线情况等。

2. 调试前的自检要求

（1）按照设计图纸和施工安装要求，全面检查工程的施工质量。对施工中出现的错线、虚焊、断路或短路等问题应予以解决，并有文字记录。

（2）按深化设计文件的规定再次查验已经安装设备的规格、型号、数量、备品备件等是否正确。

（3）系统在通电前，必须再次检查供电设备的电压、极性、相位等。

（4）应对各种有源设备逐个进行通电检查，工作正常后方可进行系统调试。

（5）应根据业务特点对网络系统的配置进行合理规划，确保交换传输、安防管理系统的功能、性能符合设计要求，并可承载各项业务应用。

单元 6　出入口控制系统工程调试与验收

3. 供电、防雷与接地设施的检查

（1）检查系统的主电源和备用电源的容量。应根据系统的供电消耗，按总系统额定功率的1.5倍设置主电源容量。应根据管理工作对主电源断电后系统防范功能的要求，选择配置持续工作时间符合管理要求的备用电源。

（2）检查系统在电源电压规定范围内的运行状况，应能正常工作。

（3）分别用主电源和备用电源供电，检查电源自动转换和备用电源的自动充电功能。

（4）当系统采用稳压电源时，检查其稳压特性、电压纹波系数应符合产品技术条件。当采用UPS作备用电源时，应检查其自动切换的可靠性、切换时间、切换电压值及容量，并应符合设计要求。

（5）检查系统的防雷与接地装置的连接情况、系统设备的等电位连接情况，测试室外设备和监控中心的接地电阻。

4. 调试内容

1）出入口控制系统的调试内容

（1）应对照系统调试方案，对系统软硬件设备进行现场逐一设置、操作、调整、检查，其功能性能等指标应符合设计文件和相关标准规范的技术要求。

（2）识读装置、控制器、执行装置、管理设备等调试。

（3）各种识读装置在使用不同类型凭证时的系统开启、关闭、提示、记忆、统计、打印等判别与处理。

（4）各种生物识别技术装置的目标识别。

（5）系统出入授权/控制策略，受控区设置、单/双向识读控制、防重入、复合/多重识别、防尾随、异地核准等。

（6）与出入口控制系统共用凭证或其介质构成的一卡通系统设置与管理。

（7）出入口控制子系统与消防通道门和入侵报警、视频监控、电子巡查等子系统间的联动或集成。

（8）指示/通告、记录/存储等。

（9）出入口控制系统的其他功能。

2）停车场系统的调试内容

（1）读卡机、检测设备、指示牌、挡车器等。

（2）读卡机刷卡的有效性及其响应速度。

（3）线圈、摄像机、视频、雷达等检测设备的有效性及响应速度。

（4）挡车器的开放和关闭的动作时间。

（5）车辆进出、号牌/车型复核、指示/通告、车辆保护、行车疏导等。

（6）与停车场系统相关联的停车收费系统设置、显示、统计与管理。

（7）停车场系统的其他功能。

5. 填写调试报告

1）调试过程中，应及时、真实填写调试记录，调试记录包括调试时间、调试对象、调试人员、调试方案和调试结论等内容。

2）调试完毕后，应根据调试记录，如实编写调试报告，系统主要功能、性能指标应满足设计要求，如表6-1所示。调试报告经建设单位签字确认后，整个系统才能进入试运行。

表6-1 调试报告

工程单位			工程地址			
使用单位			联系人		电话	
调试单位			联系人		电话	
设计单位			施工单位			
主要设备	设备名称、型号	数量	编号	出厂年月	生产厂	备注
遗留问题记录			施工单位联系人		电话	
调试情况记录						
调试单位人员（签字）			建设单位人员（签字）			
施工单位负责人（签字）			建设单位负责人（签字）			
填表日期						

6.1.2 常见的问题及解决方法

1. 出入口控制系统故障排除

1）排除故障的方法和要点

（1）软件测试法：打开出入口控制系统配套的相关管理软件，根据相关信息提示，完成系统故障点的确认和处理。如果软件不能检测到控制主板，则需要去检查控制主板与控制主机之间的连接线路及主板的工作情况；可通过实时同步软件的信息提示，快速确认识读凭证不开门的故障等。

（2）硬件观察法：系统正常供电时，可根据各硬件设备的指示灯变化来完成故障点的确认和处理。例如，可以观察电源指示灯和数据指示灯闪烁，判断控制主板是否处于工作状态；识读凭证时，可以观察对应数据接口指示灯，判断凭证数据是否传输至控制主板等。

（3）排除法：合理的故障排除方法，会大大提高维护效率，一般采取分段、分级、替换、缩小范围方式，将故障范围缩小和确定在某一设备上面，让正常的设备使用，再排除故障。在排除过程中，重要设备、唯一设备必须保证是合格的，再向外查找，特别要注意的是系统参数设置，故障现象有无规律性、时间性，属于全部或是个别。

2）常见故障及排除

出入口控制系统的各种故障原因大多会涉及设备自身问题、传输线缆问题、线路的连接问题、系统的配置问题等，一些常见的故障及处理方法，如表6-2所示。

表6-2 出入口控制系统常见故障及排除方法

常见问题	可能原因	处理方法
系统通电后道闸来回动作或开闸后不限位	限位光电开关损坏	用铁片放在光电开关前端，看光电开关上面的灯是否变亮，如果不亮说明光电开关损坏

单元 6　出入口控制系统工程调试与验收

续表

常见问题	可能原因	处理方法
系统通电后道闸来回动作或开闸后不限位	限位光电开关没对准	光电开关上面的灯变亮，则适当调整光电开关的位置
	限位光电开关接线脱落	检查限位光电开关与主板的连线是否连接可靠，拧紧接线
	主板损坏	限位开关良好且接线正确，则主板损坏，更换主板
给有效开闸信号后闸机不动作	电动机线接反了	接好电动机线缆，用手摸电动机尾部，确认电动机是否在转动，如果电动机在转动，说明电动机线接反了，重新接线
	电动机损坏	直接将电源接到电动机上，电动机不转动，说明电动机损坏，更换电动机
	主板损坏	如果电动机转动，说明主板上电机驱动芯片有问题，需更换主板
	保险管损坏	检查保险管是否正常，如果保险管损坏，更换保险管
闸机开闸后不复位或一开到位后立即复位	左、右红外与主板接线接反	闸机打开后，当行人进入通道，闸机立即复位，说明左、右红外接反了，检查与主板的连线，重新接线
	红外光电开关发射端与接收端不对通	当行人通行过后，闸机延时一定时间后才关闸，检测红外光电开关发射端与接收端是否对通
断电后闸机不是打开状态	备用电池的电压过低	给设备通电让电池充电一段时间
	线路是否松动或脱焊	检测电池接线端子两端的电压输出是否正常
读卡器能读卡，指示灯不变化，道闸不动作	线路接线不规范	查读卡器与主板之间的接线是否正确，线路的长度是否符合要求
有一张卡突然不能读取	卡片损坏	换一张卡能正确识读，说明卡片损坏
	读卡器损坏	不能正确识读，说明读卡器损损坏
一些用户指纹凭证经常无法验证通过	手指上指纹被磨平、褶皱太多或手指脱皮严重	可将该指纹删除再重新登记，或登记另一个手指的指纹，尽量使手指接触指纹采集器面积大一些
用软件测试主板不能与计算机通信（TCP/IP）	IP不在同一网段	修改计算机本地IP与主板IP，处于在同一网段
	系统链路过长	增加转接设备
闸机开闸后，很长时间不关闸	出入口开启时长设置过长	检查出入口开启时长是否设置过长
	光电开关发射端或接收端损坏	有人通行时，检查防夹红外光电开关，输出信号端有电压，则光电开关发射端或接收端损坏
开闸行人通过时报警	出入口开启时长设置过短	检查出入口开启时长是否设置过短
	进出红外线光电开关错接	检查进出红外线光电开关是否错接

2. 停车场系统故障排除

1）排除故障的方法和要点

（1）排除故障。首先要对系统充分了解，例如系统的工作电压、电流、信号控制方式。各输出端口作用、配置数量、传输方式、传输距离、传输环境、设备使用环境与安装标准、接线工艺及与系统配套使用的设备技术要求。

（2）正确的故障排除方法，提高维护效率。一般采取分段、分级、替换、缩小范围方式，将故障范围缩小和确定在某一设备上面，让正常的设备使用，再排除故障。在排除过程中，重要设备、唯一设备必须保证是合格的，再向外查找，特别要注意的是系统参数设置，故障现象有无规律性、时间性、属于全部还是个别。

（3）全面分析

重复出现的故障一定要及时找出具体原因，采取纠正和预防措施，保证系统稳定运行。

2）常见故障及排除

停车场系统的各种故障原因大多会涉及设备自身问题、传输线缆问题、线路的正确连接、系统的正确配置等，一些常见的故障及处理办法如表6-3所示。

表6-3　停车场系统常见故障及排除方法

常见问题	可能原因	处理方法
通信不通	通信线路断路、短路或错接	检查通信线路，检查接线，确认通信线路正确、可靠
	控制板机号不正确	检查机号设置是否正确，是否有机号冲突，按设置方法重新设置
	管理软件通信端口设置错误	检查管理软件系统设置中的通信端口是否与连接端口一致
通信不稳定	通信线路过长，且布线不规范，中间接头未可靠连接	更换通信线缆或增加中继，如485中继器、网络交换机等
	RS-485通信转换器负载能力差	更换RS-485通信转换器
数据库连接失败，不能登录	相关软件用户名或登录密码错误	检查并输入正确的信息
	SQL服务管理器未启动或未安装	正确安装或启动SQL服务管理器
	计算机安全保护限制或SQL Server安全设置错误	正确设置相关安全保护软件，如Windows防火墙等，重新设置SQL数据库安全属性等
	网络连接故障	检修网络
无实时监控图像	停车场软件设置不正确	在停车场软件中重新设置视频卡相关选项
	视频捕捉卡驱动程序未安装或版本不匹配	重新安装正确的驱动
	视频捕捉卡损坏	更换视频捕捉卡
出入口不能图像对比或查询记录时图像调不出来	图像保存路径设置不正确	重新设置图像保存路径
识别相机或视频车位检测器不能正常工作	供电问题	检查电源，用万用表测试电源适配器是否有供电；供电正常时，可恢复设备出场设置，重新配置
	网络连接不稳定	检查网络及线缆、检查IP是否冲突
	设备硬件损坏	更换设备
识别相机或视频车位检测器不能抓拍识别车牌	识别相机安装角度不合理	调整相机安装角度
	车牌亮度不满足识别要求	检查相机参数和补光角度
道闸下落或抬起不顺畅	弹簧拉力问题	适度调整弹簧的松紧度或者根据杆长确定挂弹簧的孔位
道闸处于常开状态，不能关闸	道闸处于锁定状态	在软件中，对道闸进行了锁定操作，对其进行解锁操作
	车辆检测器死机，向道闸控制板一直输入有车信号	复位车辆检测器
	道闸控制板开闸三极管被击穿，一直输入开闸信号	更换同等型号的晶体管

单元 6　出入口控制系统工程调试与验收

续表

常见问题	可能原因	处理方法
道闸开闸后，车过不落杆	车辆检测器与道闸控制板之间的线路松动或断开	检查并连接线路，确认线路正确、可靠
	车辆检测器灵敏度过高	降低车辆检测器灵敏度并复位
显示屏不亮或个别区域不亮	显示屏上的保险管烧坏	更换保险管
	显示屏模块损坏	更换显示模块
显示屏乱码	显示屏字库芯片损坏	更换芯片或显示模块

3. 可视对讲系统故障排除

1）排除故障的方法和要点

（1）排除故障。首先要对系统充分了解，例如系统的工作电压、电流、信号控制方式。各输出端口作用、配置数量、传输方式、传输距离、传输环境，设备使用环境与安装标准，接线工艺及与系统配套使用的设备技术要求。

（2）正确的故障排除方法，提高维护效率。一般采取分段、分级、替换、缩小范围方式，将故障范围缩小和确定在某一设备上面，让正常的设备使用，再排除故障。在排除过程中，重要设备、唯一设备必须保证是合格的，再向外查找，特别要注意的是系统参数设置，故障现象有无规律性、时间性，属于全部还是个别。建议从故障所在住户的室内机开始，逐步向楼道的层间适配器、单元分配器、门口机等展开，先查设备后查布线。

（3）全面分析。重复出现的故障一定要及时找出具体原因，采取纠正和预防措施，保证系统稳定运行。

2）常见故障及排除

可视对讲系统的各种故障原因大多会涉及设备自身问题、传输线缆问题、线路的正确连接、系统的正确配置等，一些常见的故障及处理办法如表6-4所示。

表6-4　可视对讲系统常见故障及排除方法

常见问题	可能原因	处理方法
门口机按键无作用	系统供电故障	检查系统电源供电是否正常，所提供的电压、电流能否满足系统要求
	其他设备和线路故障	将门口机的干线、联网线、视频线拔下，只保留电源线，如果正常则说明门口机设备没有问题，需要继续检查其他设备和线路
	门口机设备端口故障	测试门口机到各个端口的正常电压和信号，与不正常时的进行比较，采用分段替换方式找出故障点
门口机呼不通任何室内分机或呼通断线	主要设备损坏	检查是否有主要设备损坏
	门口机编码	检查门口机编码是否正确，是否有重码现象
	线路故障	检查主干线连接是否正确，线径、线材是否符合要求
	传输距离远，供电不足	线路长的或者最远处的分机呼通就断线，能呼通但无法对讲，基本为供电不足造成的
图像跳动、重影、模糊不清	电压、电流不满足使用要求	检查视频电源输出至室内分机电压、电流是否满足要求
图像跳动、重影、模糊不清	传输阻抗	检查传输阻抗，在每条支路最后一台分配器要插上75 Ω平衡电阻，系统中间安装有视频放大器的，在接入放大器前的一个分配器也需要加75 Ω平衡电阻，否则会造成视频重影现象

续表

常见问题	可能原因	处理方法
图像跳动、重影、模糊不清	视频分配器	多支路视频线回到一起时，必须增加视频分配器，不能随意拧在一起
	线路故障	检查主干线缆、视频线路、接头，不能存在接触不良现象
	传输距离远、材料质量问题	信号太弱、传输距离远、所采用的线材不符合标准，也会产生重影
	室内分机的亮度和对比度	图像模糊可尝试调节室内分机的亮度和对比度
全部用户室内机不能对讲	线路故障	检查门口机至用户室内机音频线之间是否接错或接触不良
	设备故障	检查门口机及用户室内机是否损坏
某个用户室内机不能对讲	线路故障	检查楼层接口线路至用户室内机音频线是否接错或接触不良
	设备故障	检查解码设备是否损坏
门口机不能接通管理机	地址冲突	检查有无地址冲突。同一网内两个通信点进行通信，如果地址有冲突，很有可能导致相应设备寻址错误，从而不能建立起正确连接
呼叫无振铃声，但有视频图像，可对讲	线路故障	检查门口机至室内机线路是否接好
	听筒未挂好	检查听筒是否挂好
	室内机故障	更换一台好的室内机测试是否正常

6.2 工程检验

系统在试运行后、竣工验收前，需要对系统的全部设备和性能进行检验，保证后续顺利验收，这些检验包括系统功能性能、设备安装、线缆敷设、系统安全性、电磁兼容性、系统供电、防雷与接地等项目。

6.2.1 一般规定

（1）系统的检验，应由甲方牵头实施或者委托专门的检验机构实施。

（2）系统工程检验，应依据竣工文件和国家现行有关标准，检验项目应覆盖工程合同、设计文件及工程变更文件的主要技术内容。

（3）工程检验所使用的仪器、仪表必须经检定或校准合格，且检定或校准数据范围应满足检验项目的范围和精度要求。

（4）工程检验程序应符合下列规定：

① 受检单位提出申请，并提交主要技术文件等资料。技术文件应包括：工程合同、正式设计文件、系统配置图、设计变更文件、变更审核单、工程合同设备清单、变更设备清单、隐蔽工程随工验收单、主要设备的检验报告或认证证书等。

② 检验机构在实施工程检验前，应根据相关标准和提交的资料确定检验范围，并制定检验方案和实施细则。检验实施细则应包括检验依据、检验目的、使用仪器、抽样率、人员组成、检验步骤、检验周期等。

③ 检验人员应按照检验方案和实施细则进行现场检验。

④ 检验完成后应编制检验报告，并做出检验结论。

(5)检验前,系统应试运行一个月。

(6)对系统中主要设备按产品类型及型号进行抽样,抽样数量应符合下列规定:

① 同型号产品数量≤5时,应全数检验。

② 同型号产品数量>5时,应根据GB/T 2828.1—2012《计数抽样检验程序 第1部分:按接收质量限(AQL)检索的逐批检验抽样计划》现行国家标准中的一般检验水平进行抽样,且抽样数量不应少于5。

③ 高风险保护对象系统工程的检验,可加大抽样数量。

(7)检验中有不合格项时,允许改正后进行复测。复测时抽样数量应加倍,复测仍不合格则判该项不合格。

6.2.2 系统功能性能检验

1. 出入口控制系统功能性能检验

出入口控制系统功能性能检验项目、检验要求及检验方法应符合如表6-5所示的要求。

表6-5 出入口控制系统功能性能检验项目、检验要求及检验方法

序号	检验项目	检验要求	检验方法
1	安全等级	系统安全等级应符合竣工文件要求	对系统中最高安全等级的出入口控制点进行现场复核;检查设备型号和对应的产品检测报告,确认设备的安全等级;对现场的设备配置组合进行检查,验证配置策略与出入口控制点安全等级;对各项功能进行验证,检查其结果与相应安全等级要求;检查系统的中心管理设备,其安全等级应不低于各出入口控制点的最高安全等级
2	受控区	系统受控区设置应符合竣工文件要求	对系统中的同权限受控区和高权限受控区进行现场复核;检查不同受控区的设备的设置和安装位置
3	目标识别功能	系统应采用编码识读和(或)生物特征识读方式,对目标进行识别	检查采用的识读方式,核查相关产品的检测报告
		安全等级3和安全等级4的系统对目标识别时,不应采用只识读PIN的识别方式,应采用对编码载体信息凭证、和(或)模式特征信息凭证、和(或)载体凭证、特征凭证、PIN组合的复合识别方式	根据系统设计的安全等级,对最高安全等级的系统,检查系统采用的识读方式,分别验证只采用PIN识别及复合识别的有效性
4	出入控制功能	各安全等级的出入口控制点,应具有对进入受控区的单向识读出入口控制功能;安全等级为2、3、4级的出入口控制点,应支持进入及离开受控区的双向出入控制功能;安全等级为3、4级的出入口控制点,应支持对出入目标的防重入、符合识别控制功能;安全等级为4级的出入口控制点,应支持多重识别控制、异地核准控制、防胁迫控制功能	对现场出入口控制点按竣工文件和安全等级进行识读的验证,检查访问控制功能
5	出入授权功能	系统应能对不同目标出入各受控区的时间、出入控制方式等权限进行授权配置	对各受控区的时间、出入方式等权限进行不同的授权配置,配置后进行出入测试,检查与授权配置内容的一致性

续表

序号	检验项目	检验要求	检验方法
6	出入口状态监测功能	安全等级为2、3、4级的系统，应具有监测出入口的启/闭状态的功能；安全等级为3、4级的系统，应具有监测出入口控制点执行装置的启/闭状态的功能	根据系统竣工文件和安全等级要求，模拟出入口和出入口控制点执行装置的启/闭，检查系统的监测记录
7	登录信息安全	当系统管理员/操作员只用PIN登录时，其信息位数的最小值和信息特征应满足相应安全等级的要求；安全等级1级时至少为4位数字密码，安全等级2级时至少为5位数字密码，安全等级3级时至少为包含字母的6位密码，安全等级4级时至少为包含字母的8位密码；安全等级3、4级时，PIN信息不应顺序升序或降序、相同字符连续使用两次以上	根据系统的竣工文件和安全等级要求，检查系统管理员/操作员的登录方式，当只用PIN登录时，对系统管理员/操作员设置不同位数、数字/字母组合的PIN，检查设置的状态和使用登录情况
8	自我保护措施	系统应根据安全等级要求采用相应自我保护措施和配置。位于对应受控区、同权限受控区或高权限受控区域以外的部件应具有适当的防篡改/防撬/防拆保护措施，连接出入口控制系统部件的线缆，位于出入口对应受控区和同权限受控区和高权限受控区域外部的，应封闭保护，其保护结构的抗拉伸、抗弯折强度应不低于镀锌钢管	根据竣工文件和安全等级要求检查对不同受控区的权限配置；检查对管控区域外部件防篡改/防撬/防拆措施
9	现场指示/通告功能	系统应能对目标的识读过程提供现场指示。当系统出现违规识读、出入口被非授权开启、故障、胁迫等状态和非法操作时，系统应能根据不同需要在现场和(或)监控中心发出可视和(或)可听的通告或警示	按照设计文件，通过非授权凭证进行识读、强行开启、胁迫码操作、非法密码操作，在现场、监控中心检查可视和可听的通告或警示等；使用授权凭证进行识读后，查看相应的识读记录，包括记录的时间、地点、对象
10	信息记录功能	系统的信息处理装置应能对系统中的有关信息自动记录、存储，并有防篡改和防销毁等措施	检查系统对信息的记录，包括非法操作、故障、授权操作、配置信息等的记录；验证对信息记录进行导出和存储、更改和删除
11	人员应急疏散功能	系统不应禁止由其他紧急系统（如火灾等）授权自由出入的功能。系统必须满足紧急逃生时人员疏散的相关要求。当通向疏散通道方向为防护面时，系统必须与火灾报警系统及其他紧急疏散系统联动，当发生火警或需紧急疏散时，人员不用识读应能迅速安全通过	检查系统的应急开启方式，对设置的应急开启的开关或按键，验证操作后开启部分/全部出入口功能；与消防系统联动后，当触动消防报警时，验证开启相应出入口功能
12	一卡通用功能	当系统与其他业务系统共用的凭证或介质构成"一卡通"的应用模式时，出入口控制系统与应独立设置与管理	查看"一卡通"的应用模式，按设计文件对"一卡通"进行设置和管理，验证其功能，检查出入口控制系统的独立设置与管理功能
13	其他功能	对系统涉及的出入口控制系统其他项目应符合国家现行有关标准、工程合同及竣工文件的要求	按照国家现行有关标准、工程合同及系统竣工文件中的要求进行

2. 停车场系统功能性能检验

停车场系统功能性能检验项目、检验要求及检验方法应符合表6-6所示的要求。

表6-6 停车场系统功能性能检验项目、检验要求及检验方法

序号	检验项目	检验要求	检验方法
1	出入口车辆识别功能	系统应根据竣工文件对出入停车场的车辆以编码凭证和（或）车牌识别方式进行识别	检查采用的车辆识别方式，验证编码凭证和车牌识别，查看识别的信息的准确性，对设置的出票/验票装置，查看出/验票信息的准确性；对车牌识别，验证对车牌进行自动抓拍和识别功能
		高风险目标区域的车辆出入口可具有人员识别、车底检查等功能	检查对高风险目标区域的配置，具有人员识别和车底检查功能时，检查人员识别功能和车底检查图像的清晰辨别性
2	挡车/阻车功能	系统设置的电动挡车杆机等挡车指示设备应满足通行流量、通行车型（大小）的要求	检查电动挡车杆机等挡车指示设备的产品检测报告，检查起/落杆操作自动和手动实现功能，测量设置的电动挡车杆机起/落杆速度、通行宽度、高度
		电控阻车设备应满足高风险目标区域的阻车能力要求	检查电控阻车设备的产品检测报告，检查阻车设备的自动/手动控制和阻车强度，测量开启速度
3	车位引导功能	应具有车位引导功能	根据系统竣工文件，检查显示的车位信息，包括总车位、剩余车位等，检查动态信息显示和行车指示的准确性
4	防砸车功能	系统挡车/阻车设备应有对正常通行车辆的保护措施，宜与地感线圈探测器等设备配合使用	检查对起杆但未通过车辆的辨识，验证进行落杆或者落杆未触及车辆又自动抬起功能
5	场内部安全管理	场内部设置的紧急报警、视频监控、电子巡查等技防设施应符合竣工文件要求，封闭式地下车库等部位应有足够的照明设施	检查场区内部的紧急报警、视频监控、电子巡查等设施的配置位置、数量，其功能与性能按照相关子系统进行检验；检查封闭式地下车库等部位的照明设施配置，测量地下车库照度
6	指示/通告功能	系统应能对车辆的识读过程提供现场指示。当系统出现违规识读、出入口被非授权开启、故障等状态和非法操作时，系统应能根据不同需要向现场、监控中心发出可视和可听的通告或警示	使用非授权编码/车牌识读、强行开启、非法操作后，在现场、监控中心查看可视和可听的通告或警示，使用授权编码/车牌进行识读后，查看相应的识读记录，包括记录的时间、地点、对象
7	管理集成功能	系统可与停车场收费系统联合设置，提供自动计费、收费金额显示、收费的统计与管理功能。系统也可以与出入口控制系统联合设置，与安全防范其它子系统集成	查看系统的联合设置、集成情况，检查自动计费金额、收费统计情况，验证管理功能
8	其他项目	对系统涉及的停车场系统其他项目应符合国家现行有关标准、工程合同及竣工文件的要求	按照国家现行有关标准、工程合同及竣工文件中的要求进行

3. 可视对讲系统功能检验

按产品说明书操作，检查系统各项功能，符合系统设计文件各项要求。表6-7所示为可视对讲系统基本功能检验记录表。

表6-7 可视对讲系统基本功能检验记录表

检验项目	功能编号	检验内容	检验结果	备注
管理机功能检验	1	管理机可即时接收各围墙机/单元门口机/住户室内机呼叫，并能听到铃声；可显示、查询并记录围墙机/单元门口机/住户室内机号与时间		
	2	输入单元门口机后正确呼通，应能实施双向通话，语音清晰无振鸣，并能实现远程开锁		
	3	管理机监视器上应能观看单元门口机摄取的图像，白天图像清晰无画面滚动；夜间应具有夜视功能，可识别来访者		
	4	与住户室内机呼通后，应能实施双向通话，语音清晰无振鸣		
	5	室内机与室内机及管理机间多方通话		
门口机功能检验	1	输入室内机号后应能正确通向相应室内机，并能听到铃声		
	2	与室内机、管理机双向通话，语音清晰不振鸣		
	3	接收管理机和室内机电控开锁指令，实现开锁		
	4	在室内机被呼叫时，自动显示门口主机摄像头对准的位置图像		
	5	摄像头图像应清晰并无画面滚动		
室内机功能检验	1	与门口机双向通话，语音清晰不振鸣，并可远程开锁		
	2	与管理机双向通话，语音清晰不振鸣		
	3	用户可通过室内机监视单元门口实时图像		
	4	与门口机双向通话时，应能观看到门口机摄取的图像，白天图像清晰无画面滚动；夜间应具有夜视功能，可识别来访者		

注：设备抽检数量不低于5%～10%且不少于3台，合格率为100%时为合格。

6.2.3 设备安装、线缆敷设检验

1. 出入口控制系统设备安装、线缆敷设检验

1）设备配置及安装质量检验应符合的规定

（1）检查系统设备的数量、型号、生产厂家、安装位置应与工程合同、设计文件、设备清单相符合。设备清单及安装位置变更后应有变更审核单。

（2）系统设备安装质量检验。检查系统设备的安装质量，应符合相关标准规范的规定。出入口控制系统设备安装检验项目、检验要求及检验方法应符合表6-8所示的要求。

表6-8 出入口控制系统设备安装检验项目、检验要求及检验方法

检验项目	检验要求	检验方法
出入口设备安装	各类识读装置的安装应便于识读操作，高度应符合竣工文件要求	检查各类识读装置的安装牢固性，测量安装的离地高度
	感应式识读装置在安装时应注意可感应范围，不得靠近高频、强磁场	验证感应式识读装置在感应范围内的识读功能
	受控区内出门按钮的安装，应保证在受控区外不能通过识读装置的走线孔触及出门按钮的信号线	检查出门按钮与识读装置错位安装或采取管线物理隔离方式；拆下对应识读装置，检查通过识读装置走线孔触及出门按钮的信号线情况
	锁具安装应保证在防护面外无法拆卸	检查锁具从防护面外进行拆卸和破坏情况

2）线缆敷设质量检验应符合的规定

（1）检查系统全部线缆的型号、规格、数量，应与工程合同、设计文件、设备清单相符

合。变更时，应有变更审核单。

（2）检查线缆敷设的施工和监理记录，以及隐蔽工程随工验收单，符合相关施工规定。

（3）检查隐蔽工程随工验收单，要求内容完整、准确。

（4）根据各出入口受控区级别，检查对应输入线缆在该出入口的对应受控区、同权限受控区、高权限受控区以外的部分进行的保护措施和保护结构。

（5）检查线路接续点和终端设置的标签或标识，查看编号，检查检修孔等位置的标签情况。

2. 停车场系统设备安装、线缆敷设检验

1）设备配置及安装质量检验应符合的规定

（1）检查系统设备的数量、型号、生产厂家、安装位置，应与工程合同、设计文件、设备清单相符合。设备清单及安装位置变更后应有变更审核单。

（2）系统设备安装质量检验。检查系统设备的安装质量，应符合相关标准规范的规定。停车场系统设备安装检验项目、检验要求及检验方法应符合表6-9所示的要求。

表6-9　停车场系统设备安装检验项目、检验要求及检验方法

检验项目	检验要求	检验方法
停车场系统设备安装	读卡机与挡车器安装应平整，保持与水平面垂直、不得倾斜；读卡机应方便驾驶员读卡操作	检查读卡机与挡车器的安装与地面垂直情况；测量读卡区域的高度
	读卡机与挡车器的中心间距应符合竣工文件要求	测量读卡机与挡车器的距离
	读卡机与挡车器感应线圈的埋设位置与竣工文件一致，感应线圈至机箱处的线缆应采用金属管保护；智能摄像机的安装位置、角度应满足车牌字符、号牌颜色、车身颜色、车辆特征、人员特征等相应信息采集的需要	检查读卡机与挡车器的安装位置、感应线圈的埋设位置、智能摄像机的安装位置、角度。检查感应线圈至机箱处的线缆保护措施；模拟车辆通过测试智能摄像机进行抓拍，查看显示的牌字符、号牌颜色、车身颜色、车辆特征、人员特征等信息
	车位状况信号指示器应安装在车道出入口的明显位置，车位引导显示器应安装在车道中央上方，便于识别与引导	检查车位状态信号指示器和引导显示器的安装位置

2）线缆敷设质量检验应符合的规定

（1）检查系统全部线缆的型号、规格、数量，应与工程合同、设计文件、设备清单相符合。变更时，应有变更审核单。

（2）检查线缆敷设的施工和监理记录，以及隐蔽工程随工验收单，符合相关施工规定。

（3）检查隐蔽工程随工验收单，要求内容完整、准确。

3. 可视对讲系统设备安装、线缆敷设检验

1）设备配置及安装质量检验应符合的规定

（1）检查系统设备的数量、型号、生产厂家、安装位置，应与工程合同、设计文件、设备清单相符合。设备清单及安装位置变更后应有变更审核单。

（2）系统设备安装质量检验。检查系统设备的安装质量，应符合相关标准规范的规定。

（3）可视对讲系统设备的安装位置应合理、有效，安装质量应牢固、整洁、美观、规范。

2）线缆敷设质量检验应符合的规定

（1）检查系统全部线缆的型号、规格、数量，应与工程合同、设计文件、设备清单相符合。变更时，应有变更审核单。

（2）检查线缆敷设的施工和监理记录，以及隐蔽工程随工验收单，符合相关施工规定。
（3）检查隐蔽工程随工验收单，要求内容完整、准确。

6.2.4 安全性及电磁兼容性检验

1. 安全性检验应符合的规定

1）设备安全性

（1）所用设备、器材的安全性指标应符合相关现行国家标准和相关产品标准规定的安全性要求。

（2）系统所用设备及其安装部件的机械强度，应能防止由于机械重心不稳、安装固定不牢、突出物和锐利边缘以及显示设备爆裂等造成对人员的伤害。

（3）系统和设备应有防人身触电、防火、防过热的保护措施。

2）信息安全性

（1）系统宜采用专用传输网络，有线公网传输和无线传输宜有信息加密措施，可对重要数据进行加密存储。

（2）系统应有防病毒和防网络入侵的措施。

（3）宜对用户和设备进行身份认证，对用户和设备基本信息、身份标识信息等进行管理。

3）系统防破坏能力

（1）系统传输线路的出入端线应隐蔽，并有保护措施。

（2）系统供电暂时中断，恢复供电后，系统应能自动恢复原有工作状态。

（3）系统宜具有自检功能，宜对故障、欠压等异常状态进行报警。

2. 电磁兼容性检验应符合的规定

（1）检查系统所用设备、传输线路的抗电磁干扰状况，应符合相应规定。

（2）主要设备的电磁兼容性检验应重点检验下列项目：

① 静电放电抗扰度试验：系统所用设备的静电放电抗扰度应符合GB/T 30148—2013《安全防范报警设备　电磁兼容抗扰度要求和试验方法》现行国家标准的要求。

② 电快速瞬变脉冲群抗扰度试验：系统所用设备的静电放电抗扰度应符合GB/T 30148—2013《安全防范报警设备　电磁兼容抗扰度要求和试验方法》现行国家标准的要求。

6.2.5 供电、防雷与接地检验

1. 电源检验应符合的规定

（1）系统电源的供电方式、供电质量、备用电源容量等应符合相关规定和设计要求，在满负荷状态下，备用电源应能确保执行装置正常运行时间不小于72小时。

（2）主、备电源转换检验：应检查当主电源断电时，能否自动转换为备用电源供电。主电源恢复时，应能自动转换为主电源供电。在电源转换过程中，系统应能正常工作。

（3）电源电压适应范围检验：当主电源电压在额定值的85%～110%范围内变化时，不调整系统或设备，仍能正常工作。

2. 防雷设施检验重点检查的内容

（1）检查系统防雷设计和防雷设备的安装、施工。

（2）检查管理中心接地汇集环或汇集排的安装。

（3）检查防雷保护器数量、安装位置。

3. 接地装置检验应符合的规定

（1）检查接地母线和接地端子的安装，应符合相关规定。

（2）检查接地电阻时，相关单位应提供接地电阻检测报告。当无报告时，应进行接地电阻测试，结果应符合相关规定。若测试不合格，应进行整改，直至测试合格。

6.3 工程验收

6.3.1 验收的内容

1. 验收项目

验收是对工程的综合评价，也是施工方（乙方）向甲方移交工程的主要依据之一。出入口控制系统的工程验收应包括下列内容：施工验收、技术验收、资料审查、验收结论。

2. 工程验收的一般规定

（1）工程验收应由工程的设计单位、施工单位、建设单位和相关管理部门的代表组成验收小组，按验收方案进行验收。验收时应做好记录，签署验收证书，并应立卷、归档。

（2）工程项目验收合格后，方可交付使用。当验收不合格时，应由责任单位整改后，再行验收，直到合格。

（3）涉密工程项目的验收，相关单位、人员应严格遵守国家的保密法规和相关规定，严防泄密、扩散。

6.3.2 施工验收

（1）施工验收应依据设计任务书、深化设计文件、工程合同等竣工文件及国家现行有关标准，按表6-3～表6-5列出的项目进行现场检查，并做好记录。

（2）隐蔽工程的施工验收，均应复核随工验收单或监理报告。

（3）施工验收应根据检查记录，按照表6-10规定的计算方法统计合格率，给出施工质量验收通过、基本通过或不通过的结论。

表6-10　施工验收表

工程名称：						
建设单位：			设计单位：			
施工单位：			监理单位：			
检查项目		质量要求合格	检查方法基本合格	检查结果		
				合格	基本合格	不合格
设备安装	1　安装位置	合理、有效	现场检查			
	2　安装质量	牢固、整洁、美观、规范	现场检查			
	3　机柜、操作台	安装平稳、牢固，便于操作维护	现场检查			
	4　控制设备	操作方便、安全	现场检查			
	5　开关、按钮	灵活、方便、安全	现场检查			
	6　设备接地	接地规范、安全	现场观察、询问			
	7　防雷保护	符合相关标准的要求	复核检验报告，现场观察			
	8　接地电阻	符合相关标准的要求	对照检验报告			
	9　电缆线扎及标识	整齐、有明显编号、标识并牢靠	现场检查			
	10　通电	工作正常	现场通电检查			

续表

检查项目			质量要求合格	检查方法基本合格	检查结果		
					合格	基本合格	不合格
线缆敷设	11	布放要求	布放自然平直，标识清晰，编号统一并有适当保护	现场询问检查，符合隐蔽工程随工验收单			
	12	同轴电缆	一线到位，中间无接头	现场询问检查，复核隐蔽工程随工验收单			
	13	穿管线缆	无接头或扭结	现场询问检查，符合隐蔽工程随工验收单			
	14	架空线缆	悬挂方式、挂钩间距、线缆最低点等符合设计要求	现场观察、询问			
	15	管道线缆	线缆共管、线缆保护等符合设要求	现场询问、检查，符合隐蔽工程随工验收单			
线缆连接	16	连接	连接器件连接可靠，绝缘良好，不易脱落	现场观察、询问			
	17	中间接续	线序正确、连接可靠、密封良好	现场观察、询问			
	18	网络数据电缆	连接器件的性能应与电缆相匹配，线序正确、连接可靠	现场观察、询问			
隐蔽工程	19	隐蔽工程		复核隐蔽工程随工验收单或监理报告			
检查结果K_S（合格率）：				施工质量验收结论：			
施工验收组签名：				验收日期：			

注：（1）对每一项检查项目的抽查比例由验收组根据工程性质、规模大小等决定。
（2）在检查结果栏选符合实际情况的空格内打"√"，并作为统计数。
（3）检查结果：K_S（合格率）=（合格数+基本合格数×0.6）/项目检查数。
（4）验收结论：K_S（合格率）≥ 0.8判为通过；0.8 > K_S（合格率）≥ 0.6判为基本通过；K_S（合格率）< 0.6判为不通过，必要时做简要说明。

6.3.3 技术验收

技术验收应依据设计任务书、深化设计文件、工程合同等竣工文件及国家现行有关标准，按表6-11列出的检查项目进行现场检查或复核工程检验报告，并做好记录。

表6-11 技术验收表

工程名称：			工程地址：			
建设单位：			设计单位：			
施工单位：			监理单位：			
检查项目合格			检查要求与方法基本合格	检查结果		
				合格	基本合格	不合格
系统要求	1	系统主要技术性能	技术验收相关要求1；现场检查、复核检验报告			
	2	设备配置	技术验收相关要求2；复核检验报告			
	3	主要产品的质量证明	技术验收相关要求3；复核检验报告			
	4	系统供电	技术验收相关要求4；复核检验报告			
	5	目标识别、出入控制	技术验收相关要求5；现场检查			
	6	自我保护措施和配置	技术验收相关要求5；复核检验报告			
	7	应急疏散	技术验收相关要求5；现场检查			

检查结果K_j(合格率)：	技术验收结论：
技术验收组签名：	验收日期：

注：(1) 在检查结果栏选符合实际情况的空格内打"√"，并作为统计数。

(2) 检查结果：K_j(合格率) = (合格数+基本合格数×0.6)/项目检查数。

(3) 验收结论：K_j(合格率) ≥ 0.8 判为通过；0.8 > K_j(合格率) ≥ 0.6 判为基本通过；K_j(合格率) < 0.6 判为不通过。

技术验收相关要求：

(1) 系统主要技术性能应根据设计任务书、深化设计文件和工程合同等文件确定，并在逐项检查中进行复核。

(2) 设备配置的检查应包括设备数量、型号及安装部位的检查。

(3) 主要产品的质量证明的检查，应包括产品检测报告、认证证书等文件的有效性。

(4) 系统供电的检查，应包括系统主电源形式及供电模式。当配置备用电源时，应检查备用自动切换功能和应急供电时间。

(5) 出入口控制系统应重点验收检查下列内容：

① 应检查系统的识读方式、受控区划分、出入权限设置与执行机构的控制等功能。

② 应检查系统（包括相关部件或线缆）采取的自我保护措施和配置，并与系统的安全等级相适应。

③ 应根据建筑物消防要求，现场模拟发生火警或需紧急疏散，检查系统的应急疏散功能。

(6) 停车场系统应重点验收检查下列内容：

① 应检查出入控制、车辆识别、车位引导等功能。

② 应检查停车场内部紧急报警、视频监控、电子巡查等安全防范措施。

(7) 可视对讲系统应重点验收检查下列内容：

① 通话传输特性检验：

- 联网通道的通话特性检验按图6-1进行，当室内机或管理机采用免提对讲方式时，检验要求和方法可依据情况参照相应通道进行。按1/3倍频程频率间隔，测量并记录在200～4 000 Hz范围内各频率点的通话传输特性相关参数。

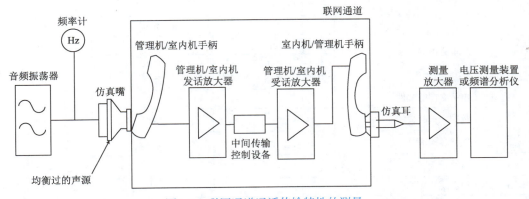

图6-1 联网通道通话传输特性的测量

- 室内机或管理机采用免提对讲方式时，主呼/应答通道通话传输特性检验按图6-2进行。按1/3倍频程频率间隔，测量并记录在200～4 000 Hz范围内各频率点的通话传输特性相关参数。

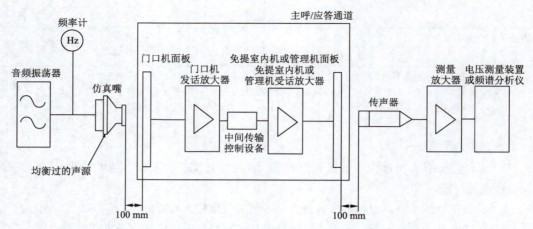

图6-2　免提系统主呼/应答通道通话传输特性的测量

② 视频特性检验：
- 图像分辨力检验。使用TE95分辨力测试卡测量受试设备显示器中心区的水平图像分辨力，判定试验结果是否符合标准要求。
- 灰度等级检验。使用TE83灰度等级测试卡进行试验，测量受试设备显示器显示图像的灰度等级，判定试验结果是否符合标准要求。
- 色彩还原性检验。使用TE188色彩还原性测试卡进行试验，判定试验结果是否符合标准要求。
- 环境照度适应性检验。在环境照度为0.5 lx的条件下，使用反射式TE95测试图进行试验，测量受试设备显示器中心区的水平图像分辨力，判定试验结果是否符合标准要求。

6.3.4　资料审查

按表6-12所列项目与要求，审查竣工文件的规范性、完整性、准确性，并做好记录。

表6-12　资料审查表

工程名称：		工程地址：							
建设单位：		设计单位：							
施工单位：		监理单位：							

审查内容		审查情况							
		规范性			完整性			准确性		
		合格	基本合格	不合格	合格	基本合格	不合格	合格	基本合格	不合格
1	申请立项的文件									
2	批准立项的文件		／			／			／	
3	项目合同书		／			／			／	
4	设计任务书		／			／			／	
5	初步设计文件		／			／			／	
6	初步设计方案评审意见		／			／			／	
7	深化设计文件和相关图纸									
8	工程变更资料									

续表

审查内容		审查情况							
		规范性			完整性			准确性	
		合格	基本合格	不合格	合格	基本合格	不合格	合格	基本合格	不合格
9	系统调试报告									
10	隐蔽工程验收资料									
11	施工质量检验、验收资料									
12	系统试运行报告									
13	工程竣工报告									
14	工程初验报告									
15	工程竣工核算报告									
16	工程检验报告									
17	使用/维护手册									
18	技术培训文件									
19	竣工图纸									
审查结果K_z(合格率)：			资料审查结论：							
资料审查组签名：			验收日期：							

注：（1）审查情况栏内分别根据规范性、完整性、准确性要求，选择符合实际情况的空格内打"√"，并作为统计数。
（2）检查结果：K_z（合格率）=（合格数+基本合格数×0.6）/项目检查数。
（3）验收结论：K_z（合格率）≥0.8判为通过；0.8＞K_z（合格率）≥0.6判为基本通过；K_z（合格率）＜0.6判为不通过。

6.3.5 验收结论

（1）系统工程的施工验收结果K_s、技术验收结果K_j、资料审查验收结果K_z均大于或等于0.6，且K_s、K_j、K_z中出现一项小于0.8的，应判定为验收基本通过。

（2）系统工程的施工验收结果K_s、技术验收结果K_j、资料审查验收结果K_z中出现一项小于0.6的，应判定为验收不通过。

（3）工程验收组应将验收通过、基本通过或不通过的验收结论填写于验收结论汇总表，如表6-13所示，并对验收中存在的主要问题提出建议与要求。

表6-13 验收结论汇总表

工程名称：		工程地址：	
建设单位：		设计单位：	
施工单位：		监理单位：	
施工验收结论		验收人签字：	年 月 日
技术验收结论		验收人签字：	年 月 日
资料审查结论		审查人签字：	年 月 日
工程验收结论		验收组组长签字：	
建议与要求：			年 月 日

（4）验收不通过的工程不得正式交付使用。施工单位、设计单位、建设单位等应根据验收组提出的意见与要求，落实整改措施后方可再次组织验收。工程复验时，对原不通过部分的抽样比例应加倍。

典型案例9　智能可视门铃的应用

门铃，顾名思义就是用于提醒房主有客人来访的装置。传统的门铃只会发出声音提醒户主，但是无法知道来访的人是谁，而可视对讲系统设备集成了门铃的功能，传统门铃逐步被之取代。如果门铃具有可视功能呢？智能可视门铃应运而生。

大多数人在家中仍然在使用旧的钥匙锁系统，很多人并不明白智能门铃系统在帮助提高安全性方面的作用。下面介绍智能可视门铃在家庭安全中的主要功能。

1. 传统门铃系统的缺点

在日常生活中，往往会有很多重要的事情并没有引起人们足够的重视。而这些事情，很可能会引发更大的事情发生，例如门锁。很长一段时间来，人们并没有真正关注传统锁具的安全，其实它们要比人们想象的要脆弱很多。因此，这些不安全的门锁让我们的家人、财产等长时间处于危险之中。如图6-3所示为传统门铃示意图。

传统门铃比较突出的缺点：

任何时候，人们都必须要亲自检查，才能知道产品状况是否良好；如果不走近门，根本不知道谁站在门的另一侧；如果有人来访，必须走过去手动开门，而来访者可能是危险人物；如果不看护，小偷可能会认为你不在家。

2. 可视门铃

智能可视门铃和传统门铃都是在有人按门铃时通知用户。可视门铃配备夜视功能的1 080像素摄像机，它还具有双向语音系统和许多其他设施，例如通过Wi-Fi控制，可通过智能手机在线连接实时访问摄像头，这是传统门铃不具备的功能。图6-4所示为可视门铃示意图。

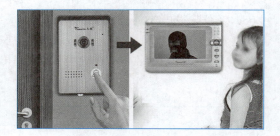

图6-3　传统门铃示意图　　　　　　　图6-4　可视门铃示意图

智能门铃让居家安全变得更加轻松和便利，人们可以通过智能手机或家中的任何智能设备来控制智能门铃。目前市面上已经有了很多智能视频门铃系统可供选择。

3. 智能可视门铃系统的优点

向盗贼发出警告信号：每当盗贼抢劫房屋或作案时，他们都会寻找比较容易下手的地方，这样成功率更高。其根本原因是盗贼对目标进行过认真的研究，并跳过那些可能会被抓住的地方。如果房屋拥有良好的安全系统设备（如智能门铃系统），则可以防止小偷进行尝试，远离小偷的目标。

1）无线监控

无线控制的好处在于，即使人们不在家，也可以与访客直接交谈。智能门铃一般都有一个完整的数字显示器，方便与访客沟通。

2）兼容所有主流操作系统

智能门铃不仅效率高，操作系统也非常友好。大多数智能门铃系统与Windows、Android和Mac OS都兼容。

3）物有所值

刚开始，购买智能门铃看起来像是在浪费金钱，因为人们对它了解非常少。加上传统的门铃似乎也能很好地解决来访提醒的问题。但是，如果仔细观察，传统门铃有很多缺陷。例如，有时盗贼会利用送货员的身份进入，此时，用户可以轻松查看摄像机图像，看送货员是否真的在外面。图6-5所示为手机查看可视门铃图像。

图6-5　手机查看可视门铃图像

4）照顾孩子

智能家居出入系统也可以用来照顾孩子。孩子有时离开家而没有告知父母，这种问题很常见。同样，孩子回家也是一样。智能门铃系统具有Wi-Fi连接功能，可以轻松地知道孩子是否离开或回到家，还可以为孩子设置开门权限等。

5）降低保险成本

保险公司也非常喜欢智能门铃，如果你的房屋使用了智能门铃，安全性就会增加，从而减少入室盗窃的机会。

6）证据存储

智能门铃系统具有双向语音和录像功能，可以录制视频。如果发生事情，可以通过存储记录查看。

智能门铃系统对家庭安全来说是革命性进步，它将改变家庭安全的面貌，让很多事情变得更容易，可以让人们增加安全性并远离诸如盗窃等事情。

典型案例10　出入口控制系统在突发公共卫生事件中的作用

突发公共卫生事件是指突然发生，造成或者可能造成社会公众健康严重损害的重大传染病疫情、群体性不明原因疾病、重大食物和职业中毒以及其他严重影响公众健康的事件。当发生突发公共卫生事件时，出入口控制系统在加强出入口人员管理，避免污染源的进入方面发挥着非常重要的作用。

1. 实名登记，方便追溯

出入口控制系统可以实名记录进出人员信息，支持疫情防控筛查、隔离管理工作。小区、工业园区、办公楼等人流量较大的场所，通过出入口控制系统可严格控制人员的出入，在出入口进行信息认证，助力疫情的有效防控。通过出入口控制系统可记录人员的出行情况，同时进行数据分析，如当该区域发现患者或者疑似患者时，可对其此前时间内的访客、区域内出行轨迹等有效信息进行智能分析，提供有效的数据支持。图6-6所示为出入口控制系统人员实名登记界面，可包括姓名、性别、人脸、卡号、指纹信息等。

图6-7所示为查询条件下详细的人员出入记录。

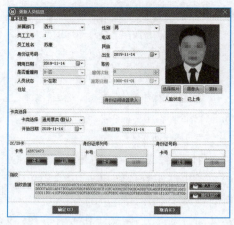

图6-6　人员实名信息登记

图6-7　出入记录查询

2. 管控人员，控制风险

人员的管控是控制疫情的关键，最大限度地减少人员的流动、防止外来人员的随意出入是控制疫情扩散的有效途径。出入口控制系统可通过进出双向控制、多重控制、出入次数控制、出入日期/时间控制等技术手段，结合人员监督，对该区域的人员进行管控，例如多出入口小区关闭大部分出入口，只留1～2个出入口进行人员管控。出入口控制系统同时能够精准地识别用户，拒绝外来人员，最大限度地防止疫情扩散。

3. 减少人员接触感染风险

传统的访客登记，需要门卫对访客身份进行登记，效率低，同时存在接触感染的风险。而采用出入口控制系统，访客只需自主登记上传个人信息即可。同时出入口控制系统可采用非接触智能卡、语音/人脸识别等非接触式识别方式，避免接触感染，确保人员的人身安全。

4. 配备疫情检测技术，及时发现可疑人员

出入口控制系统在设备上可配备体温检测模块或设备，如测温检测安全门、人脸识别体温检测终端、热成像技术等，及时发现体温异常的人员，避免交叉感染等。特别是在一些人流量比较大的场合，如高铁、地铁等，通过现场工作人员的人工检测，效率低且容易形成拥堵，而配备疫情检测设备，可以提高检测效率，解决进出口拥堵，降低人员感染的风险。图6-8所示为常见的体温检测设备和技术。

单元 6　出入口控制系统工程调试与验收

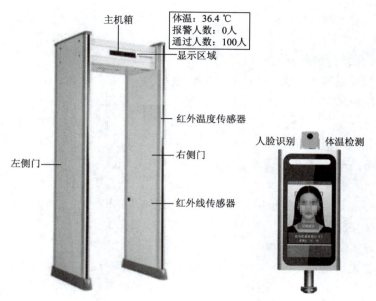

图6-8　常见的体温检测设备和技术

出入口控制系统可对进出人员、访客进行有效的管理和追踪，不仅可以在疫情期间对人员进行检测和管理，也可以对人员进行安全管理。出入口控制系统的广泛应用和门禁系统的升级改造势在必行。

习　题

1. **填空题**（10题，每题2分，合计20分）

（1）出入口控制系统的调试是整个工程竣工前的重要技术阶段，只有完成_____和_____才能进行工程的最终验收，也标志着工程的全面竣工。（参考引言）

（2）出入口控制系统工程的调试工作应由_____负责，由项目负责人或具有工程师、技师等资格的_____主持，必须提前进行调试前的准备工作。（参考6.1.1知识点）

（3）系统调试前应对各种有源设备逐个进行_____，工作正常后方可进行系统调试。（参考6.1.1知识点）

（4）合理的故障排除方法，会大大提高维护效率，一般采取_____、分级、_____、缩小范围方式，将故障范围缩小和确定在某一设备上面，让正常的设备使用，再排除故障。（参考6.1.2知识点）

（5）检验前，系统应试运行_____。（参考6.2.1知识点）

（6）对系统中主要设备按产品类型及型号进行抽样，同型号产品数量_____时，应全数检验。（参考6.2.1知识点）

（7）系统设备配置检验应检查系统设备的数量、型号、生产厂家、_____，应与工程合同、_____、设备清单相符合。（参考6.2.3知识点）

（8）隐蔽工程的施工验收，均应复核_____或监理报告。（参考6.3.2知识点）

（9）资料审查需要审查竣工文件的_____、完整性、准确性，并做好记录。（参考6.3.4知识点）

（10）验收不通过的工程不得正式交付使用。施工单位、设计单位、建设单位等应根据验收组提出的意见与要求，落实整改措施后方可_____。（参考6.3.5知识点）

2. 选择题（10题，每题3分，合计30分）

（1）出入口控制系统调试前的准备工作主要包括（　　）（参考6.1.1知识点）
　　A. 编制调试方案　　　　　　　B. 编制竣工技术文件
　　C. 整理各种相关资料　　　　　D. 详细了解系统的组成及走线情况

（2）出入口控制系统的各种故障原因大多会涉及（　　）等。（参考6.1.2知识点）
　　A. 设备自身问题　　　　　　　B. 传输线缆问题
　　C. 线路的正确连接　　　　　　D. 系统的正确配置

（3）出入口控制系统的检验包括（　　）。（参考6.2知识点）
　　A. 系统功能性能　　　　　　　B. 设备安装
　　C. 线缆敷设　　　　　　　　　D. 系统安全性

（4）受检单位提交主要技术文件包括（　　）等。（参考6.2.1知识点）
　　A. 工程合同　　B. 正式设计文件　　C. 工程合同设备清单　　D. 系统配置图

（5）下列选项属于出入口控制系统功能性能检验项目的有（　　）。（参考6.2.2知识点）
　　A. 安全等级　　B. 设备安装　　C. 目标识别功能　　D. 出入控制功能

（6）当主电源电压在额定值的（　　）范围内变化时，不调整系统或设备，仍能正常工作。（参考6.2.5知识点）
　　A. 75%～100%　　B. 75%～110%　　C. 85%～100%　　D. 85%～110%

（7）出入口控制系统的工程验收应包括（　　）。（参考6.3.1知识点）
　　A. 施工验收　　B. 技术验收　　C. 资料审查　　D. 验收结论

（8）出入口控制系统设备安装质量验收的质量要求应包括（　　）。（参考6.3.2知识点）
　　A. 牢固　　B. 整洁　　C. 美观　　D. 规范

（9）停车场系统应重点验收检查（　　）。（参考6.3.3知识点）
　　A. 出入控制　　B. 车辆识别　　C. 设备配置　　D. 车位引导

（10）验收结论为通过的选项为（　　）。（参考6.3.5知识点）
　　A. $K_s=0.9$，$K_j=0.8$，$K_z=0.5$　　　　B. $K_s=0.8$，$K_j=0.7$，$K_z=0.9$
　　C. $K_s=0.9$，$K_j=0.8$，$K_z=0.8$　　　　D. $K_s=0.8$，$K_j=0.6$，$K_z=0.8$

3. 简答题（5题，每题10分，合计50分）

（1）简述停车场系统的调试内容。（参考6.1.1知识点）

（2）简述出入口控制系统排除故障的方法和要点。（参考6.1.2知识点）

（3）简述工程检验程序应符合的规定。（参考6.2.1知识点）

（4）简述工程验收的一般规定。（参考6.3.1知识点）

（5）简述视频特性检验内容及其检验方法。（参考6.3.3知识点）

笔记栏

单元 6　出入口控制系统工程调试与验收

实训项目8　可视对讲系统基本操作

1. 实训任务来源

可视对讲系统的基本操作是系统调试和运维人员必备的岗位技能，正确地调试和及时地运行维护，直接关系到可视对讲系统的正常使用。

2. 实训任务

熟悉可视对讲系统的基本功能操作方法，独立完成各项功能的操作控制。

3. 技术知识点

（1）常见的开门操作。

（2）室内机操作。

（3）添加、删除门禁卡操作。

4. 实训课时

（1）该实训共计2课时完成，其中技术讲解30分钟，学员操作55分钟，实训总结5分钟。

（2）课后作业2课时，独立完成实训报告，提交合格实训报告。

5. 实训设备

西元智能可视对讲系统实训装置，产品型号KYZNH-04-2。

本实训装置专门为满足可视对讲系统的工程设计、安装调试等技能培训需求开发，配置有管理中心机、门口机、单元分控器、层间适配器、室内分机、防盗门、电控锁、开门按钮等，特别适合学生认知和技术原理演示，具有工程实际使用功能，能够在真实的应用环境中进行工程安装实践和操作管理，理实合一。

6. 实训步骤

1）预习

课前应预习，初学者提前预习，熟悉可视对讲系统相关基本操作内容和方法。

2）实训内容

西元智能可视对讲系统实训装置可实现多种常见的室外机开门、室内机可视对讲及添加、删除门禁卡等相关操作，独立完成下列基本操作，掌握可视对讲系统的基本工作过程。

实训模块1　常见的开门操作

（1）门禁卡开门

按照图6-9门口机操作标签说明（Z04-01）进行操作。

① 设备供电。按下机箱面板上的红色开关按钮，指示灯点亮，表示设备已经供电。

② 室外刷卡开门。把钥匙卡靠近读卡器，刷卡成功后，主机自动读卡并识别密钥，确认正确后，主机给电控锁通电，锁舌收回，如图6-10所示。

③ 开门。听到电控锁"咔擦"一声后，在10秒内，用手拉门即可开门。超过时间后，门锁又会自动锁上。

图6-9 门口机操作说明标签　　　　　图6-10 刷卡开门

（2）室外密码开门

按照图6-9门口机操作标签说明（Z04-01）进行操作。

① 设备供电。按下机箱面板上的红色开关按钮，指示灯点亮，表示设备已经供电。

② 室外密码开门。在门口机的操作键盘上输入"9#"，液晶屏幕显示[输入开锁密码]，继续输入[83396082]，密码确认正确后，主机给电控锁通电，锁舌收回，如图6-11所示。

③ 开门。听到电控锁"咔擦"一声后，在10秒内，用手拉门即可开门。超过时间后，门锁又会自动锁上。

（3）开门按钮开门

按照图6-9门口机操作标签说明（Z04-01）进行操作。

① 设备供电。按下机箱面板上的红色开关按钮，指示灯点亮，表示设备已经供电。

② 按钮开门。从单元楼外出时，按下开门按钮，主机给电控锁通电，锁舌收回，如图6-12所示。

③ 开门。听到电控锁"咔擦"一声后，在10秒内，用手推门即可开门。超过时间后，门锁又会自动锁上。

图6-11 显示屏输入密码界面　　　　图6-12 按钮开门

实训模块2　可视对讲操作

（1）基本操作

按照图6-9门口机操作标签说明、图6-13 101室内机操作标签说明进行操作。

① 设备供电。按下机箱面板上的红色开关按钮，指示灯点亮，表示设备已经供电。

② 呼叫住户。在门口机的操作键盘上输入"101#"或"201#"或"301#"，此时对应室内机屏幕显示访客图像，同时响铃。

③ 提机对讲。按下相应室内机语音键，接通后可与访客可视对讲，如图6-14所示。

④ 开锁。按下相应室内机开锁键，门口机接收到开锁信号，然后给电控锁通电，锁舌收回。

⑤ 开门。听到电控锁"咔擦"一声后，在10秒内，用手拉门即可开门。超过时间后，门锁又会自动锁上。

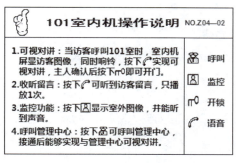

图6-13 101室内机操作说明标签

图6-14 可视对讲

（2）访客留言操作实训

按照图6-9门口机操作标签说明（Z04-01）、图6-15 201室内机操作说明进行操作。

① 设备供电。按下机箱面板上的红色开关按钮，指示灯点亮，表示设备已经供电。

② 呼叫住户。在门口机的操作键盘上输入"101#"或"201#"或"301#"，此时对应室内机屏幕显示访客图像，同时响铃。

③ 访客留言。无人接听时，门口机语音提示，同时液晶屏幕显示"无人接听5秒内，按下0可开始留言"，然后在门口机的操作键盘上输入"0"，对着传声器开始留言。

④ 保存留言。留言完成后，输入"#"保存，输入"*"返回。

⑤ 播报留言。按下对应室内机语音键，开始播放留言，且只播放一次，如图6-16所示。

（3）室内机监控室外操作实训

① 设备供电。按下机箱面板上的红色开关按钮，指示灯点亮，表示设备已经供电。

② 打开监控。在101室、201室或301室内机按下监控键，屏幕显示室外监控图像，如图6-17所示。

③ 关闭监控。再次按下监控键，监控图像关闭。

图6-15 201室内机操作说明标签　　图6-16 播报留言　　图6-17 监控室外影像

实训模块3　添加、删除门禁卡操作

（1）添加门禁卡操作

按照图6-18高级设置标签进行操作。

① 在门口机键盘按"7#"，屏显"请输入系统密码"，立即输入8位出厂密码，进入系统设置菜单。出厂密码为83396081。

② 按照屏显提示输入门禁卡选项"2#"。

③ 按照屏显提示输入添加门禁卡“1#”。

④ 输入钥匙卡编号，屏显“可用”，按“#”键确认。

⑤ 把钥匙卡靠近读卡器，听到“滴”声授权成功，按“*”键逐屏退出菜单。

（2）删除门禁卡操作

按照图6–19高级设置标签进行操作。

① 在门口机键盘按“7#”，屏显“请输入系统密码”，立即输入8位出厂密码，进入系统设置菜单。出厂密码为83396081。

② 按照屏显提示输入门禁卡选项“2#”。

③ 按照屏显提示输入删除门禁卡“2#”。

④ 输入需要删除的钥匙卡编号，按“#”键后即可删除。按“*”键逐屏退出菜单。

高级设置 NO.Z04—05

1. 添加门禁卡：

第一步：在门口机键盘按[7#]，屏显 [请输入系统密码]，立即输入8位出厂密码，进入系统设置菜单。出厂密码为[83396081]。

第二步：按照屏显提示输入门禁卡选项[2#]。

第三步：按照屏显提示输入添加门禁卡[1#]。

第四步：输入钥匙卡编号，屏显 [可用]，按[#]确认。

第五步：把钥匙卡靠近读卡器，听到“滴”声授权成功，按[*]逐屏退出菜单。

图6–18　删除门禁卡高级设置

高级设置 NO.Z04—06

2. 删除门禁卡：

第一步：在门口机键盘按[7#]，屏显 [请输入系统密码]，立即输入8位出厂密码，进入系统设置菜单。出厂密码为[83396081]。

第二步：按照屏显提示输入门禁卡选项[2#]。

第三步：按照屏显提示输入删除门禁卡[2#]。

第四步：输入需要删除的钥匙卡编号，按[#]后即可删除。按[*]逐屏退出菜单。

(注：更多操作详见说明书)

图6–19　添加门禁卡高级设置

7. 实训报告

按照单元1表1–1所示的实训报告要求和模板，独立完成实训报告，2课时。

实训报告

习题参考答案

单元1

1. 填空题（10题，每题2分，合计20分）

(1) 生物识别、执行机构；(2) 识读部分、执行部分；(3) 凭证识读、目标通过；(4) 进出双向控制、出入次数控制；(5) 车辆、登录；(6) 入口部分。(7) 车位引导、寻车；(8) 对讲、远程控制开锁；(9) 室内机、层间适配器；(10) 单元型结构、联网型结构。

2. 选择题（10题，每题3分，合计30分）

(1) A、B、C、D (2) C (3) A、C、D (4) C (5) A、B、C、D (6) A、B、C、D (7) A、B、C、D (8) A、C (9) A、C、D (10) A、D

3. 简答题（5题，每题10分，合计50分）

（1）

① 凭证。凭证又称特征载体，是指目标通过出入口时所要提供的特征信息或载体。

② 识读部分。识读部分是能够读取、识别并输出凭证信息的电子装置。

③ 传输部分。传输部分负责出入口控制系统信号的传输。

④ 管理/控制部分。管理/控制部分是出入口控制系统的管理和控制中心。

⑤ 执行部分。执行部分是执行出入口控制系统命令的装置。

（2）出入口控制系统的工作流程主要包括凭证授权、凭证识读、道闸开启、目标通过、道闸关闭等，完成人或物等进、出的全过程。

① 凭证授权。出入口管理人员必须将合法目标的凭证信息，提前录入到出入口控制系统数据库中，人或物等目标通过出入口时，根据数据库中的凭证信息进行授权和放行。

② 凭证识读。当凭证进入识读范围时，系统自动采集和识别凭证信息，并将采集的实时信息发送给控制器，与数据库的凭证信息进行比对。

③ 道闸开启。控制器接收识读装置发送来的信息，与自身已存储的合法信息进行对比，当

找到与之匹配信息时,控制器给执行机构发出有效控制信号,控制器控制电动机运转,限位开关控制电动机转动相应的角度,道闸打开,允许目标通行。

④ 目标通行。道闸开启后,人或物等目标通过通道区域。

⑤ 道闸关闭。当目标完全通过通道后,红外对射探测装置向控制器发出关闸信号,控制器控制电动机运转,限位开关控制电动机转动相应的角度,道闸关闭。

(3)

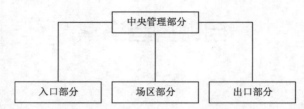

① 入口部分一般包括入口道闸、车牌识别一体机、地感线圈、车辆检测器等设备。入口部分主要实现车辆检测及车位身份信息识别,完成与中央管理部分的信息交流,对符合放行条件的车辆予以放行,拒绝非法进入。

② 场区部分一般由车位引导系统、反向寻车系统、视频安防监控系统、紧急报警系统等组成,应根据安全防范管理的需要选用相应系统,各系统宜独立运行。

③ 出口部分的设备组成与入口部分基本相同,主要实现外出车辆检测及车辆身份信息识别,完成与中央管理部分的信息交流,对符合放行条件的车辆予以放行。

④ 中央管理部分是停车场系统的管理和控制中心,主要包括岗亭或控制室、数据交换机、计算机及停车场管理软件等。中央管理部分应能实现对系统操作权限、车辆出入信息的管理功能;对车辆的出/入行为进行鉴别及核准,对符合出/入条件的出/入行为予以放行,并能实现信息比对功能。

(4)一次完整的停车过程主要包括车辆进场、车位引导、停车、寻车、车辆出场等。

① 车辆进场。入口识别摄像机识别车辆信息,摄像机抓拍并向道闸发出开闸信号,闸杆升起,同时显示屏显示车辆信息,并发出语音提示,车辆进入。

② 车位引导。进入的车辆根据入口信息屏的剩余车位信息进入停车场相应区域,再根据室内引导屏及视频车位检测器的状态指示灯等信息,快速寻找到可停放车位。

③ 停车入位。当车辆驶入停放在车位时,视频车位检测器检测到车辆入库,并将车辆相关信息发送至中央管理部分,告知系统车位已被占用。

④ 寻车。车主在就近的查询机上输入自己车辆的车牌或车位号等信息,查询车辆的停放位置,选择正确查询结果,点击查看路线,根据系统规划的最优路线,快速找到车辆。

⑤ 车辆出场。车辆驶出车位时,视频车位检测器检测到车辆驶离,告知系统车位未被占用。车辆驶出出口内容与入场内容基本相同。

(5)可视对讲系统的主要设备有管理中心机、室外主机(门口机)、室内分机、单元分控器、层间适配器、门锁等相关设备。

① 管理中心机。接收住户呼叫、与住户对讲、开单元门、呼叫住户、呼叫门口机、监视单元门口、报警接收与提示、短信发布、系统数据记录、连接计算机等。

② 室外主机(门口机)。呼叫住户、呼叫管理中心机、与住户对讲、访客留言和门禁功能等。

③ 室内分机。呼叫管理中心机、与访客可视对讲、远程开锁、收听留言、门口监控、安防报警等。

④ 单元分控器。单元与单元之间、单元与小区门口机之间、单元与管理中心机之间联网的数据转换。

⑤ 层间适配器。系统解码、线路保护、视频分配、提供室内分机电源、信号隔离等。

⑥ 门锁：在室外主机、室内分机、管理中心机的控制下进行开关操作。

单元2

1. 填空题（10题，每题2分，合计20分）

（1）射频收发器、射频技术；（2）指纹识别模块；（3）光学式、生物射频式；（4）道闸调试软件、系统管理软件；（5）地感线圈；（6）识别摄像机；（7）车牌识别管理软件；（8）模拟、数字；（9）电磁锁、电插锁；（10）直流电、充电。

2. 选择题（10题，每题3分，合计30分）

（1）C（2）A、B、C、D（3）A、B、D（4）D（5）A、B、D（6）C、D（7）B（8）A、C、D（9）A、B、D（10）A、B、C、D

3. 简答题（5题，每题10分，合计50分）

（1）

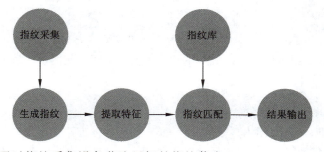

① 指纹采集：通过指纹采集设备获取目标的指纹信息。

② 生成指纹：指纹识别控制器对采集的指纹信息进行预处理，生成指纹图像。

③ 提取特征：从指纹图像中提取指纹识别所需的特征点。

④ 指纹匹配：将提取的指纹特征与数据库中保存的指纹特征进行匹配，判断是否为相同指纹。

⑤ 结果输出：完成指纹匹配处理后，输出指纹识别的处理结果。

（2）

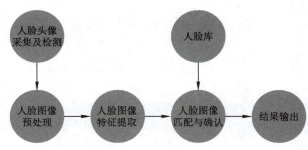

① 人脸图像采集及检测：人脸识别机通过摄像头，实时采集抓拍进入其识别范围的人脸图像，并对抓拍的静态图片进行人脸模型检测。

② 人脸图像预处理：根据人脸检测结果，对人脸图像进行处理并服务于特征提取的进程。

③ 人脸图像特征提取：人脸特征提取是对人脸进行特征建模的进程。

④ 人脸图像匹配与确认：提取的人脸图像的特征数据与数据库中存储的特征模板进行查找匹配，依据类似程度对人脸的身份信息进行判别。

⑤ 结果输出：完成人脸匹配处理后，输出人脸识别的处理结果。

（3）出入口道闸、地感线圈、车辆检测器、车牌识别一体机、视频车位检测器、入口信息屏、室内引导屏、查询机。

（4）车牌识别的主要工作过程分为图像采集、图像处理、车牌定位、车牌校正、字符分割、字符识别和结果输出。

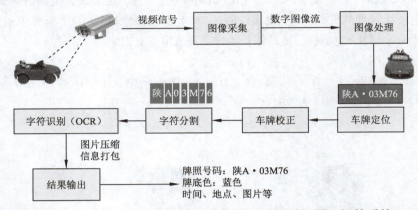

（5）管理中心机、门口机、室内机、单元分控器、层间适配器、门禁系统、UPS电源。

单元3

1. 填空题（10题，每题2分，合计20分）

（1）图样、标准；（2）出入口控制；（3）"CCC"标志、合格证；（4）编码识读、特征识读；（5）一种、多种；（6）编码凭证、车牌识别；（7）检验证明；（8）人防、物防、技防；（9）基本型、提高型、先进型；（10）多芯屏蔽双绞线。

2. 选择题（10题，每题3分，合计30分）

（1）A、C（2）D（3）C（4）A、D（5）A、C（6）B、C（7）B（8）C（9）B（10）A、D

3. 简答题（5题，每题10分，合计50分）

（1）

① 表示很严格，非这样做不可的，正面词采用"必须"，反面词采用"严禁"。

② 表示严格，在正常情况下均应这样做的，正面词采用"应"，反面词采用"不应"或"不得"。

③ 表示允许稍有选择，在条件许可时首先应这样做的，正面词采用"宜"，反面词采用"不宜"。

④ 表示有选择，在一定条件下可以这样做的，采用"可"。

⑤ 标准条文中指明应按其他有关标准执行的写法为"应符合……的规定"或"应按……执行"。

（2）

① GB 50314—2015《智能建筑设计标准》。

② GB 50606—2010《智能建筑工程施工规范》。

③ GB 50339—2013《智能建筑工程质量验收规范》。

④ GB 50348—2018《安全防范工程技术标准》。

⑤ GB 50396—2007《出入口控制系统工程设计规范》。

⑥ GA/T 761—2008《停车库（场）安全管理系统技术要求》。

⑦ GB/T 31070.1—2014《楼寓对讲系统 第1部分：通用技术要求》。

⑧ GA/T 74—2017《安全防范系统通用图形符号》。

（3）

① 识读装置、控制器、执行装置、管理设备等调试。

② 各种识读装置在使用不同类型凭证时的系统开启、关闭、提示、记忆、统计、打印等判别与处理。

③ 各种生物识别技术装置的目标识别。

④ 系统出入授权/控制策略，受控区设置、单/双向识读控制、防重入、复合/多重识别、防尾随、异地核准等。

⑤ 与出入口控制系统共用凭证或其介质构成的一卡通系统设置与管理。

⑥ 出入口控制系统与消防通道门和入侵报警、视频监控、电子巡查等系统间的联动或集成。

⑦ 指示/通告、记录/存储等。

⑧ 出入口控制系统的其他功能。

（4）

① 读卡机、检测设备、指示牌、挡车器等。

② 读卡机刷卡、线圈、摄像机、视频、雷达等设备的有效性及其响应速度。

③ 挡车器的开放和关闭的动作时间。

④ 车辆进出、号牌/车型复核、指示/通告、防砸车、车位引导等功能。

⑤ 停车收费系统的设置、显示、统计与管理功能。

⑥ 停车场安全管理系统的其他功能。

（5）

① 住宅一层应安装内置式防护窗或防护玻璃。

② 应安装可视对讲系统，并配置不间断电源装置。

③ 可视对讲系统应与消防系统互联，当发生火警时，单元门口的防盗门锁应能自动打开。

④ 宜在住户室内至少安装一处以上的紧急求助报警装置。装置应具有防拆卸、防破坏报警功能，且有防误触发措施。

单元4

1. 填空题（10题，每题2分，合计20分）

（1）准确性与实时性；（2）功能需求；（3）物防、技防；（4）现场勘察报告；（5）名称、主要技术参数；（6）不通过、整改意见；（7）方案论证、初步文件（8）点数统计表；

（9）系统图；（10）施工进度表。

2. 选择题（10题，每题3分，合计30分）

（1）A、B （2）A、B、C、D （3）B （4）A、C、D （5）A、B、C （6）A （7）B （8）A、B、C、D （9）D （10）A、B、C

3. 简答题（5题，每题10分，合计50分）

（1）
① 编制设计任务书。
② 现场勘察。
③ 初步设计。
④ 方案论证。
⑤ 深化设计。

（2）
① 任务来源。
② 政府部门的有关规定和管理要求。
③ 建设单位的安全管理现状与要求。
④ 工程项目的内容和要求。
⑤ 工程投资控制数额及资金来源。

（3）
① 调查建设对象的基本情况。
② 调查和了解建设对象所在地及周边的环境情况。
③ 调查和了解建设区域内与工程建设相关的情况。
④ 调查和了解建设对象的开放区域的情况。
⑤ 调查和了解重点部位和重点目标的情况。

（4）
① 系统设计内容是否符合设计任务书和合同等要求。
② 系统现状和需求是否符合实际情况。
③ 系统总体设计、结构设计是否合理准确。
④ 系统功能、性能设计是否满足需求。
⑤ 系统设计内容是否符合相关的法律法规、标准等的要求。
⑥ 实施计划与工程现场的实际情况是否合理。
⑦ 工程概算是否合理。

（5）
① 系统建设需求分析。
② 编制系统点数表。
③ 设计停车场系统图。
④ 施工图设计。
⑤ 编制材料统计表。
⑥ 编制施工进度表。

单元5

1. 填空题（10题，每题2分，合计20分）

（1）可靠性、长期寿命；（2）安装方案、安装质量标准；（3）路由标志（4）设计图纸、图纸；（5）不破坏；（6）适当余量、标签；（7）密封防水；（8）0.7 m；（9）型号、规格；（10）固定牢固。

2. 选择题（10题，每题3分，合计30分）

（1）C、D（2）B（3）B、C（4）A、D（5）B（6）B、D（7）A、A（8）C（9）B（10）C

3. 简答题（5题，每题10分，合计50分）

（1）

① 先下后上顺序，也就是先敷设地下管路，后敷设地上管路。

② 先大后小顺序，也就是先敷设大管路，后敷设小管路。

③ 先高后低顺序，也就是先敷设高压管路，后敷设低压管路。

（2）

① 研读图纸、确定出入口位置。

② 穿引线。

③ 量取线缆。

④ 线缆标记。

⑤ 绑扎线缆与引线。

⑥ 穿线。

⑦ 测试。

⑧ 现场保护。

（3）

① 通道闸定位。

② 开槽。

③ 摆闸固定。

④ 设备固定好后，用手轻推设备，确认设备固定牢固。

⑤ 设备确认安装完毕后，连接设备之间的相关线缆，并做好线标。

（4）

① 按照图纸，将设备放置在安全岛上各自的安装位置。

② 用铅笔将设备底座安装孔描画在安装平面上，并标记中心点。

③ 用相应钻头的电锤垂直向下打安装孔。

④ 将设备配套的膨胀螺栓压入每个安装孔中，并用螺母固定。

⑤ 将设备放入安装位置，要求螺杆均插入底座固定孔。

⑥ 锁紧螺母。

⑦ 设备固定好后，用手轻推设备，确认设备固定牢固。

（5）

安装方式：

① 预埋式安装在墙体。将单元门口机安装在土建预留的墙体中。

② 嵌入式安装在门扇上。将单元门口机嵌入式安装在安全门的门扇上。
③ 嵌入式安装在专门的立柱上。将单元门口机安装在安全门附近的专门立柱上。

安装步骤：
① 安装单元门口机的底盒。
② 穿线。
③ 接线。
④ 套入橡胶密封圈。
⑤ 固定面板。

单元6

1. **填空题**（10题，每题2分，合计20分）

（1）调试、检验；（2）施工方、专业技术人员；（3）通电检查；（4）分段、替换；（5）一个月；（6）≤5；（7）安装位置、设计文件；（8）随工验收单；（9）规范性；（10）再次组织验收。

2. **选择题**（10题，每题3分，合计30分）

（1）A、B、C、D （2）A、B、C、D （3）A、B、C、D （4）A、B、C、D （5）A、C、D （6）D （7）A、B、C、D （8）A、B、C、D （9）A、B、D （10）C

3. **简答题**（5题，每题10分，合计50分）

（1）
① 读卡机、检测设备、指示牌、挡车器等。
② 读卡机刷卡的有效性及其响应速度。
③ 线圈、摄像机、视频、雷达等检测设备的有效性及响应速度。
④ 挡车器的开放和关闭的动作时间。
⑤ 车辆进出、号牌/车型复核、指示/通告、车辆保护、行车疏导等。
⑥ 与停车场系统相关联的停车收费系统设置、显示、统计与管理。
⑦ 停车场系统的其他功能。

（2）
① 软件测试法。打开出入口控制系统配套的相关管理软件，可根据管理软件的相关信息提示，完成系统故障点的确认和处理。
② 硬件观察法。系统正常供电时，可根据各硬件设备的指示灯变化来完成故障点的确认和处理。
③ 排除法。一般采取分段、分级、替换、缩小范围方式，将故障范围缩小和确定在某一设备上面，让正常的设备使用，再排除故障。

（3）
① 受检单位提出申请，并提交主要技术文件等资料。
② 检验机构在实施工程检验前，应根据相关标准和提交的资料确定检验范围，并制定检验方案和实施细则。
③ 检验人员应按照检验方案和实施细则进行现场检验。
④ 检验完成后应编制检验报告，并做出检验结论。

（4）

① 工程验收应由工程的设计单位、施工单位、建设单位和相关管理部门的代表组成验收小组，按验收方案进行验收。验收时应做好记录，签署验收证书，并应立卷、归档。

② 工程项目验收合格后，方可交付使用。当验收不合格时，应由责任单位整改后，再行验收，直到合格。

③ 涉密工程项目的验收，相关单位、人员应严格遵守国家的保密法规和相关规定，严防泄密、扩散。

（5）

① 图像分辨力检验。使用TE95分辨力测试卡测量受试设备显示器中心区的水平图像分辨力，判定试验结果是否符合标准要求。

② 灰度等级检验。使用TE83灰度等级测试卡进行试验，测量受试设备显示器显示图像的灰度等级，判定试验结果是否符合标准要求。

③ 色彩还原性检验。使用TE188色彩还原性测试卡进行试验，判定试验结果是否符合。

参 考 文 献

[1] 王公儒. 出入口控制系统工程实用技术[M]. 北京：中国铁道出版社有限公司，2020.
[2] 王公儒. 停车场系统工程实用技术[M]. 北京：中国铁道出版社有限公司，2019.
[3] 王公儒. 可视对讲系统工程实用技术[M]. 北京：中国铁道出版社，2018.
[4] 王公儒，樊果. 智能管理系统工程实用技术[M]. 北京：中国铁道出版社，2012.
[5] 王公儒. 计算机应用电工技术[M]. 大连：东软电子出版社，2021.
[6] 中华人民共和国住房和城乡建设部. 智能建筑设计标准[S]. 北京：中国计划出版社，2015.
[7] 中华人民共和国住房和城乡建设部. 智能建筑工程施工规范[S]. 北京：中国计划出版社，2010.
[8] 中华人民共和国住房和城乡建设部. 智能建筑工程质量验收规范[S]. 北京：中国建筑工业出版社，2013.
[9] 中华人民共和国建设部. 入侵报警系统工程设计规范[S]. 北京：中国计划出版社，2007.
[10] 中华人民共和国建设部. 安全防范工程技术标准[S]. 北京：中国计划出版社，2018.
[11] 中华人民共和国公安部. 安全防范系统通用图形符号[S]. 北京：中国标准出版社，2017.